Geografia e Política

Da Autora:

O Mito da Necessidade

Como co-Autora/Organizadora:

Brasil: Questões Atuais da Reorganização do Território

Explorações Geográficas

Redescobrindo o Brasil

Geografia: Conceitos e Temas

Iná Elias de Castro

Geografia e Política

Território, escalas de ação e instituições

2ª edição

BERTRAND BRASIL

Capa: Leonardo Carvalho

Editoração: DFL

2009
Impresso no Brasil
Printed in Brazil

CIP-Brasil. Catalogação na fonte
Sindicato Nacional dos Editores de Livros – RJ

C351g
2ª ed.

Castro, Iná Elias de
Geografia e política: território, escalas de ação e instituições/Iná Elias de Castro. – 2ª ed. – Rio de Janeiro: Bertrand Brasil, 2009.
300p.

Inclui bibliografia
ISBN 978-85-286-1161-8

1. Geografia política. 2. Geopolítica. I. Título.

05-3619

CDD – 320.12
CDU – 321.01

EDITORA BERTRAND BRASIL LTDA.
Rua Argentina, 171 — 1º andar — São Cristóvão
20921-380 — Rio de Janeiro — RJ
Tel.: (0xx21) 2585-2070 — Fax: (0xx21) 2585-2087

Para Rafaela,
que cresceu.

Sumário

Agradecimentos

Nunca é demais lembrar que a elaboração de um livro jamais é um trabalho individual. Para ele concorrem diversos autores, cujo esforço anterior de pesquisa e reflexão disponibiliza informações e análises que são retomadas, comparadas, criticadas e definem patamares a partir dos quais o conhecimento vai progressivamente avançando. Mas para ele concorrem também aqueles que participam, com os recursos de que dispõem, para o cansativo trabalho de leitura crítica dos originais, de formatação do texto, organização de figuras, busca daquela referência bibliográfica perdida, de atualização das informações utilizadas e tudo o mais que um livro requer.

São a estes últimos, participantes do *GEOPPOL — Grupo de Estudos e Pesquisas sobre a Política e o Território* —, que coordeno no Departamento de Geografia da Universidade Federal do Rio de Janeiro, que quero agradecer. Ao ex-doutorando Rafael Winter Ribeiro (que agora já é doutor) e às doutorandas Rejane Christina Rodrigues e Renata Fraga agradeço a leitura, as críticas e sugestões para tornar o texto mais fácil e inteligível; aos mestrandos Juliana Nunes Pereira e Fábio de Oliveira Neves e ao bolsista de iniciação científica Danilo Fiani agradeço o levantamento de informações e o socorro, sempre solícito e competente, para organizar as tabelas, as figuras, a bibliografia, para localizar uma referência, para melhorar as figuras e para disciplinar meu editor de texto, sempre rebelde comigo.

Um agradecimento especial aos meus alunos do curso de graduação em geografia da UFRJ que foram os primeiros leitores críticos do material, quando ele ainda estava em fase de quase esboço. As dificuldades ou facilidades que eles demonstravam frente ao texto que lhes era apresentado me estimulavam e ajudavam a tentar melhorá-lo. Essa troca confirmou a importância da etimologia da palavra ensinar (*docere*), que tem a mesma raiz de aprender (*discere*). Os franceses, aliás, fiéis a este sentido duplo, têm uma palavra apenas para ensinar e aprender.

Não poderia deixar de assinalar e agradecer a importância do apoio financeiro do CNPq e da FAPERJ, cujas bolsas de pesquisa possibilitaram os recursos materiais e pessoais necessários para a elaboração deste livro.

Prefácio

A idéia deste livro surgiu da necessidade de reencantar a política na geografia, submersa na crença difusa de que os conflitos de interesses nas sociedades e no território se resolvem na solução dos conflitos produtivos, ou seja, daqueles conflitos que emergem do confronto das forças que se organizam, comandadas pela lógica da produção e da acumulação. Esta perspectiva, que reduz toda a ordem social ao econômico, felizmente vem se esgotando frente às questões que se impõem à disciplina sobre a necessidade de compreender os conflitos distributivos, que surgem na sociedade e no território a partir de valores simbólicos inerentes à lógica da cidadania, da justiça e do direito que só se resolvem no campo da política e de suas instituições, ambas emergindo e se legitimando na arena dos conflitos de interesses que se organizam nos espaços das sociedades.

Outra necessidade mais prática também se impôs para reunir o material aqui apresentado, ou seja, a de superar a falta de textos atualizados disponíveis em português, recobrindo alguns conteúdos essenciais da geografia política. No entanto, este livro não é um manual de geografia política, embora contenha os temas básicos que todo manual da disciplina deve ter e contemple a discussão de questões essenciais das relações entre a geografia e a política. Seu objetivo maior é reintroduzir a política na geografia, incorporando à sua agenda temas e conceitos da própria política, necessários à compreensão dos conflitos e das tensões nos espaços sociais, e a partir deles repensar as questões necessárias à atualização de uma geografia da política no país.

Mais do que abordar o problema muito geral das relações entre o espaço e a política, que pode dizer tudo ou não dizer nada, o objetivo aqui é, ao contrário, tentar compreender como a política, no seu sentido institucional e operacional, invadiu as mais diferentes dimensões do mundo contemporâneo e nos coloca diante da necessidade de estudar como a geografia hoje é informada pela política. Para isto é necessário ir além do que Giddens (2003) muito oportunamente criticou como consenso ortodoxo que dominou a perspectiva dos grandes modelos explicativos, hoje postos em causa pelas suas limitações, e recorrer a um pluralismo teórico-conceitual mais adequado à análise das muitas dimensões dos fenômenos aparentemente contraditórios da atualidade.

Mas este livro tem ainda outra pretensão, a de se colocar à margem da confusão intelectual e do discurso teórico obscuro da corrente das ciências sociais pós-modernas e do relativismo epistemológico que nega o fato e a possibilidade de construção de um conhecimento objetivo sobre a realidade. A ácida, porém oportuna, crítica de Sokal e Bricmont (1999) a estas correntes que sacudiu o ambiente intelectual francês e americano em 1996 nos alerta sobre os riscos dessas perspectivas para as ciências sociais, no sentido de produzir mais apatia do que ação no necessário engajamento para a transformação do mundo em direção a uma maior justiça distributiva.

Mesmo consciente do desencanto do presente, fortemente marcado pelas frustrações das promessas não cumpridas do Iluminismo, tanto liberal como socialista, e do fim das utopias que faziam brotar movimentos políticos e sociais voltados para a construção de um futuro melhor, este livro tem o cuidado de não cair na armadilha do relativismo e do niilismo* fáceis, que nos demitem do cansativo mas necessário compromisso de compreender a realidade através do incessante diálogo da elaboração teórica com o fenômeno, diálogo este que só a pesquisa e a construção do conhecimento são capazes de propiciar. Afinal, só assim é possível, pelo método científico, colocar novas questões às teorias para transformá-las, sempre que for o caso, e paralelamente com o conhecimento da realidade ser capaz de torná-la melhor. Para quem levanta dúvidas sobre a validade atual de conceitos como realidade, fato, empiria, método científico, conhecimento, conceito etc., sugiro a leitura urgente e atenta de Sokal e Bricmont.

Este livro percorre alguns temas em que se articulam fundamentos conceituais e perspectivas intelectuais da realidade, adequadas a um campo do conhecimento que se convencionou chamar de geografia política, além de outros, mais próximos à ciência política, mas que são sem dúvida relevantes para compreender o espaço como arena

* Os termos com asteriscos podem ser consultados no Glossário.

de conflitos. Os temas e questões selecionados aqui, alguns já considerados clássicos e outros que vêm se impondo pela própria realidade do mundo contemporâneo, compõem um programa limitado de geografia política, mas não são menos relevantes na agenda da disciplina. Muitos deixaram de ser incluídos, uma vez que o próprio leque temático da disciplina é amplo, mas sempre que possível alguns foram de algum modo mencionados.

A escolha das discussões dos seis capítulos do livro não foi casual ou determinada pelo compromisso com a tradição intelectual da disciplina; pelo contrário, ela é bastante inovadora e foi orientada no sentido de polemizar sobre o que foi rejeitado nela, como a discussão do Estado-nação, e olhar de outro modo o que foi incorporado à geografia como ícones, como o poder e a globalização. Além disso, ainda na perspectiva da polêmica são incluídas questões específicas sobre uma geografia política brasileira. A dimensão da escala dos fenômenos está incorporada como referência e diferenciação necessárias para a ação dos atores políticos e para a construção dos espaços políticos, aqueles do conflito e do confronto inerentes à convivência dos diferentes, mas também da negociação, da cooperação e dos acordos.

Capítulo 1

Introdução

Pensar a geografia política do século XXI

Desde a sua institucionalização como disciplina acadêmica, a geografia se viu diante da tarefa de compreender a produção, a organização e a diferenciação do espaço. Tarefa nada simples, pois, dada a complexidade do mundo em que vivemos e a multiplicidade de fatores que para isto concorrem, o leque temático que a disciplina tem se proposto discutir é necessariamente amplo. Entre os temas por ela privilegiados, tem sido recorrente o problema das relações entre a política e o território, componentes essenciais do processo histórico de formação das sociedades. Na realidade, como muitas questões e conflitos de interesses* que surgem das relações sociais se materializam em disputas territoriais, as tensões e arranjos que daí surgem definem não apenas uma abordagem, mas um campo* importante da análise geográfica. Neste sentido, podemos indicar que é na relação entre a política — expressão e modo de controle dos conflitos sociais — e o território — base material e simbólica da sociedade — que se define o campo da geografia política.

Nas últimas décadas do século XX, fenômenos importantes e aparentemente contraditórios continuam colocando o fato político em destaque na agenda da geografia. Fenômenos como a globalização e a revalorização do local, o enfraquecimento do Estado-nação e o ressurgimento dos nacionalismos,* o aumento da circulação internacional de mercadorias e de mão-de-obra e o maior controle das fronteiras, o esmaecimento das regiões e o renascimento dos regionalismos, a expansão da democracia e a intensificação da pobreza, o fortalecimento dos movimentos sociais e dos direitos da cidadania e a ampliação da exclusão são significativos da importância da geografia política, da pertinência de alguns de seus temas tradicionais e das respostas da disciplina às novas questões impostas pelos contextos da atualidade.

Todos esses fenômenos compõem uma ampla gama de temas que, paradoxalmente, constituem na atualidade o ponto forte e a fragilidade da geografia política. Ponto forte porque, enfocando a lógica espacial da política, faz emergirem as questões relativas aos fenômenos que resultam da organização e da gestão coletiva da sociedade e os modos como estes afetam e são afetados pelo espaço, possibilitando à disciplina incorporar e responder aos desafios impostos pela contemporaneidade. A fragilidade, para alguns de seus críticos, encontra-se justamente na diversidade de temas por dificultar a construção de um *corpus* temático coerente, com suporte numa base teórico-metodológica abrangente.

A geografia política pode então ser compreendida como um conjunto de idéias políticas e acadêmicas sobre as relações da geografia com a política e vice-versa. O conhecimento por ela produzido resulta da interpretação dos fatos políticos, em diferentes momentos e em diferentes escalas, com suporte numa reflexão teórico-conceitual desenvolvida na própria geografia ou em outros campos como a ciência política, sociologia, antropologia, relações internacionais etc. A dupla necessidade de dar uma resposta acadêmica sobre os fundamentos geográficos para eventos políticos e a preocupação de legitimar a sua análise a partir de um enquadramento intelectual em modelos teóricos reconhecidos resultaram numa forte contextualização da disciplina, tanto em termos dos temas centrais como das opções metodológicas, além das práticas, de muitos dos seus formuladores. Desse modo, da mesma forma que em outras áreas do conhecimento, também na geografia política não é possível defender um total desinteresse ou imparcialidade dos pesquisadores e analistas. Pois, como bem lembra John Agnew, "em um mundo da ação humana não é possível falar em uma visão singular, de lugar nenhum, para justificar esta ou aquela perspectiva como melhor que outra" (Agnew, 2002:8), apesar do esforço da disciplina em oferecer coerência entre fundamento teórico e evidência empírica para discussão de situações particulares.

Na realidade, a fluidez da política, ou seja, a dificuldade de apreender todo o seu significado no momento mesmo em que o fato acontece, e a necessidade de interpretar e acompanhar seus desdobramentos impossibilitaram separar a agenda temática da disciplina dos seus contextos histórico e geográfico; paralelamente, os marcos teóricos para a explicação da política pela geografia têm sido também transformados. A ampliação da política, incorporando questões da identidade política (como determinados grupos sociais se vêem e definem seus objetivos) e dos movimentos políticos (por que partidos políticos ou movimentos políticos nascem em determinados lugares e por que possuem este ou aquele padrão geográfico de suporte), na impossibilidade de compor uma agenda completamente abrangente, tem conduzido cada vez mais à seleção e ao ordenamento de certos temas e questões, além daqueles tradicionais da disciplina. Além disso, a invasão da política nas mais diferentes dimensões do mundo contemporâneo inverteu completamente o significado original da geografia política, que se tornou o estudo de como a geografia é informada pela política (Agnew, 2002:1).

Em sua origem, ao contrário da atualidade, a geografia política se colocou o compromisso de compreender o modo pelo qual a política era influenciada pela geografia. No final do século XIX, quando da sua institucionalização como ramo da geografia, a geografia política procurou na natureza o marco teórico para explicação da vida política. A tradição do determinismo da natureza na disciplina foi, na realidade, um prolongamento de uma velha preocupação dos filósofos, entre eles Montesquieu, sobre a possibilidade de explicar a fluidez da vida política com argumentos fundados em fatores estáveis, quase imóveis, como o meio físico. Por muitas décadas tentou-se mostrar como a distribuição dos continentes e oceanos, cadeias de montanhas, rios, climas e outras características da superfície da Terra afetavam o modo pelo qual a humanidade dividia o mundo em Estados e Impérios e como estas unidades competiam entre si por poder e influência.

Embora pouco ressaltada, a expressão geografia política foi usada pela primeira vez em 1750 pelo filósofo francês Turgot em seu projeto de uma *Teoria de geografia política*, redigido enquanto era estudante. Esta teoria foi apresentada como um "tratado de governo", uma tentativa de formalização da intersecção do político e do geográfico, inspirado provavelmente no Livro IV de *O espírito das leis* de Montesquieu. Sua preocupação era demonstrar que o governo começa no estudo dos fatores geográficos da política, o que antecede à sua participação política e sobretudo à ação. A experiência como Intendente de Limoges entre 1761 e 1774 possibilitou pôr em prática suas idéias e inspirou novos textos, como a *Dissertação sobre as municipalidades*, de 1778 (Lévy e Lussault, 2003:941). Porém, a concepção moderna da geografia política, como terminologia e área de conhecimento consolidada nas ciências sociais, data do final do século XIX, com a institucionalização da geografia e o reconhecimento da geografia política como uma subdisciplina formal na Alemanha, a partir dos trabalhos de Friedrich Ratzel.

Indo além do determinismo do meio natural como fundamento do "espírito das leis", Ratzel procurou elaborar uma verdadeira teoria das relações entre a política e o espaço, introduzindo o conceito de *sentido do espaço*, segundo o qual certos povos tinham maior capacidade de ordenar as paisagens, de valorizar os recursos naturais, de se fortalecer a partir do seu próprio enraizamento no território. Como ocorreu com as ciências sociais naquele período, o modelo de Ratzel foi fortemente inspirado na biologia, e os temas por ele privilegiados respondiam à necessidade de refletir sobre os problemas de sua época, ou seja, a disputa por territórios e o fortalecimento do Estado nacional como garante* do poder dos povos sobre os territórios por eles ocupados.

Poder e estratégias de controle e dominação a partir do território controlado pelo Estado nacional eram questões sempre implícitas ou explícitas na agenda da geografia política nas primeiras décadas do século XX, o que fez das escalas de análise nacional e global as mais adequadas aos estudos da disciplina. Após a Primeira Guerra Mundial, geógrafos e o conhecimento por eles produzido foram mobilizados para ajudar a traçar as novas fronteiras na Europa. Na Segunda Guerra Mundial, a escola de geopolítica* alemã, inspirada em alguns dos princípios elaborados por Ratzel, forneceu a justificativa intelectual para o autoritarismo do III Reich e para o expansionismo alemão. Os desdobramentos do nazismo, do fascismo e do Holocausto conduziram a disciplina ao ostracismo, e seus temas tradicionais, como fronteiras, minorias, territórios dos Estados, divisões políticas etc., passaram a ser tratados num empirismo despolitizado, abandonando suas ambições teóricas anteriores.

Renovação do debate temático e teórico na geografia política

Na segunda metade do século XX fatos importantes tiveram impacto sobre a agenda da disciplina: o fim da Guerra Fria e a desagregação da União Soviética, a globalização, as disputas de minorias por territórios dentro das fronteiras nacionais, a expansão e o fortalecimento da democracia representativa etc., paralelamente ao enfraquecimento do Estado nacional como o interlocutor institucional privilegiado nos processos de transformação contemporânea, tornaram as décadas de 1970 e 1980 importantes para a renovação do interesse pela disciplina nos meios acadêmicos mais conceituados. Esse novo interesse acadêmico colocou em foco novos temas e novas escalas, como a local e a regional. Novos suportes teórico-metodológicos, como a perspectiva da análise espacial, incorporada nos estudos de geografia eleitoral, e da economia política, de inspiração marxista, contribuíram intelectualmente com esta agenda ampliada.

Se, por um lado, a renovação da disciplina nas décadas de 1970, 1980 e 1990 preservou um polêmico pluralismo temático e metodológico, por outro possibilitou um novo interesse pelas questões políticas na geografia e indica que a disciplina tem estado presente nos debates que se fundamentam no território como fonte ou estratégia do poder. Outra questão importante nessa renovação da geografia política reside na discussão sobre a opção por uma variedade de temas e de métodos ou por um método único para abordar temas variados. Esta questão não é nova. Ao contrário de outros ramos da geografia que, superados os marcos do determinismo da natureza, puderam extrair das outras ciências sociais quadros teóricos adequados às novas análises espaciais, como as teorias da localização da economia ou os modelos de ecologia urbana da sociologia, os modelos da ciência política, mais fundamentados nas escolhas individuais e coletivas, nem sempre puderam servir diretamente à geografia política. Após o questionamento dos fundamentos teóricos ratzelianos do início do século XX, para os críticos da geografia política continua faltando uma base teórica unificadora.

Esta, porém, não é uma questão consensual. A crítica à pretensão explicativa de modelos teóricos abrangentes como aqueles da economia política, de inspiração marxista, ou das teorias da ação individual e coletiva, de inspiração no liberalismo filosófico do Iluminismo, indica que este é um problema das ciências sociais em geral. Na realidade, a geografia política sempre respondeu à necessidade acadêmica de marcos metodológicos claros, apesar de nem sempre ter recorrido àqueles modelos abrangentes.

Alguns exemplos são ilustrativos da recusa de modelos explicativos abrangentes. Para Kevin Cox (1979), no final da década de 1970 os aspectos exteriores do mundo da política são explicados pela localização e pelas forças estruturais que a definem. Desenvolvendo suas pesquisas na escala subnacional, o autor elabora sua perspectiva teórica na interface entre a geografia e a ciência política, aproximando-se da análise espacial. Privilegiando a geografia eleitoral e os impactos das políticas públicas na organização do espaço, esse autor afastou-se da agenda temática tradicional da disciplina e, conseqüentemente, da polêmica em torno de um modelo teórico único mais adequado. Para John Agnew (2002), na década de 1980 é a escala na qual um fenômeno geográfico é moldado que importa. Para ele, a idéia da escala geográfica é a chave para explicar um dado fenômeno e superar a polêmica entre as perspectivas da *redução* — que supõe que o menor nível de análise é sempre melhor — e a *holista* — que supõe que o todo é sempre maior que a soma das partes e que as escalas geográficas mais abrangentes são sempre as melhores. Para ele, modelos explicativos com suporte na *redução* que procura isolar indivíduos para explicar o comportamento humano ou no *holismo* que procura esta explicação no capitalismo, na cultura ou no sistema-mundo produzem análises incompletas. Neste sentido, sua contribuição ao debate é que a melhor resposta se encontra na emergência da escala como perspectiva analítica e metodológica mais adequada porque confere visibilidade e permite a problematização de muitos fenômenos da geografia política não adequadamente compreendidos em termos de redução ou de holismo (Agnew, 2002:140).

É ainda nesta perspectiva de recusa do holismo que o modelo conceitual metodológico de Jean Gottmann, desenvolvido a partir da década de 1950 até o final de

1970, está sendo resgatado na geografia política européia e na americana. Considerado o primeiro intelectual verdadeiramente cosmopolita da geografia do período após a Segunda Guerra, Gottmann teve uma ampla vivência intelectual e prática tanto nos Estados Unidos como na Europa. Fazendo a crítica do determinismo ainda vigente nas ciências sociais e na geografia na década de 1950, ele convidava a duvidar das relações muito simples, estabelecidas habitualmente pela constatação da coincidência de alguns fatos nos mapas (Gottmann, 1952:vii). Sua questão central era elaborar uma teoria do espaço político capaz de explicar a divisão do espaço mundial e a distribuição do poder em termos de tendência dinâmica mais do que em termos de Estados permanentes.

Seu estudo sobre as relações entre a geografia e a política em diferentes Estados tinha a preocupação de enunciá-las de modo preciso. Após a análise de diferentes situações ele chamou a atenção para a característica freqüentemente instável, e quase sempre nuançada, dessas relações e ressaltou que "convém não se deixar levar por encadeamentos de causa e efeito cuja simplicidade e a lógica são bem atraentes". Recusando toda simplificação, suas observações conduziram-no a perceber uma questão mais geral na relação entre a geografia e a política (as decisões) do Estado, ou seja, a recorrência do que ele chamou de *sistemas de movimento* e de *sistemas de resistência ao movimento*. O primeiro grupo, formado por tudo que se chama de circulação no espaço, e o segundo, constituído por elementos mais abstratos que materiais e englobando um grande número de símbolos, que ele denominou iconografia (1952:211-214).

Para ele, a circulação é naturalmente criadora de mudanças na ordem estabelecida no espaço porque ela consiste justamente em deslocar:

> Na ordem política ela desloca os homens, os exércitos e as idéias; na ordem econômica ela desloca as mercadorias, as técnicas, os capitais e os mercados; na ordem cultural ela desloca as idéias, refaz os homens. Ela constitui tanto circuitos de troca como transferências de mão única. Tendo em vista a unidade do mundo acessível aos homens, ela forma um todo infinitamente fluido, infinitamente ramificado. Localizar no espaço os fenômenos consiste em colocá-los nos sistemas de relações que a circulação anima (...) A circulação permite então organizar o espaço, e é no curso desse processo que o espaço se diferencia (1952:215).

Ele acrescenta que o domínio de um sistema de circulação sem limites fragmentaria ao infinito a cena política; no entanto, isto não ocorre pela interferência de uma outra força, fundada em princípios abstratos, com o suporte de símbolos nos quais os membros da comunidade terão fé, e que serão ignorados ou negados pelos membros de outras comunidades. São esses símbolos que criam "as cercas mais importantes [que] se encontram nos espíritos". Ele percebeu, no contexto político e intelectual das suas reflexões, que os nacionalismos ofereciam os conteúdos simbólicos para criar "um cimento sólido [que] liga os membros da comunidade que aceitam a coabitação sob a mesma autoridade política" e tomou a força unificadora desses símbolos como centrais ao seu conceito de iconografia (1952:220).

Para ele, há uma simbiose entre três categorias de símbolos que constituem para os povos uma iconografia complexa e eficaz: a religião, o passado político e a organização social. O termo iconografia não foi escolhido por acaso. Em sua origem do grego — *eikón, onos* — significa imagem refletida, simulacro, imagem do espírito, semelhança, e quando referenciado ao cimento simbólico dos povos traduz, freqüentemente, atitudes em relação ao mundo físico e também facilita a manutenção de certas estruturas sociais. É neste sentido que Gottmann afirma que:

> A iconografia tende a afastar da nação, de sua unidade e originalidade, os estrangeiros e mesmo as influências estrangeiras. Ela exerce uma ação limitativa aos contatos, portanto, à circulação. Concebe-se assim que ela seja o fundamento das cercas espirituais e políticas da grande dinâmica humana. Só é possível, pois, imaginar a humanidade politicamente unificada com a fusão de todas as grandes iconografias existentes em uma apenas (...) As iconografias se transmitem na família e na escola: elas se imprimem fortemente nos espíritos ainda maleáveis das crianças e dos adolescentes (...) é assim que a *iconografia* se torna na geografia um dique de resistência ao movimento, um fator de *estabilização política** (1952:221).

* Grifos no original.

O processo de cercamento do mundo habitado, ou seja, da sua divisão em nações e Estados, é então explicado pela dialética existente entre as forças da circulação, responsáveis pelas mudanças que se impõem de fora, e a iconografia, que são as forças da resistência a essas mudanças, encontradas nos símbolos e crenças de grupos territorialmente definidos. No seu esquema ele sugeria que a partir do jogo dessas duas forças todo o passado e o presente da política tornavam-se mais claros (Gottmann, 1952:223).

De acordo com Agnew (2002:98), Gottmann, em sua elaboração intelectual, conectou os dois elementos básicos em oposição e tensão na filosofia clássica e na história: a *cidade-Estado* ideal de Platão, uma entidade territorial fechada, protegida e auto-suficiente — representando a vitória da iconografia —, e a *rede de cidades* de Alexandre, um sistema aberto, acessível e conectado por nós — significando a vitória das forças da circulação. Gottmann tenta, portanto, compreender a história humana e as divisões do espaço através das oscilações entre sistemas socioterritoriais abertos e fechados como decorrência das tensões entre esses dois *tipos-ideais*, ou seja, a necessidade de segurança e de abrigo — fundamento do poder simbólico das identidades sociais —, e a necessidade de recursos e de oportunidades — fundamento da circulação.

Em outra perspectiva, o modelo abrangente da economia política foi a escolha de Peter Taylor, no final da década de 1980, para reanimar o debate, polemizar com outras perspectivas adotadas e ampliar a agenda da geografia política. Criticando as correntes que adotam modelos explicativos não abrangentes, ele considera que a falta de uma teoria unificadora enfraquece a disciplina, mas que este problema poderia ser resolvido com a utilização da teoria do sistema-mundo de Immanuel Wallerstein. Com base nos fundamentos dessa teoria, Taylor analisa os fenômenos político-geográficos em termos dos padrões globais de acumulação do capital e do desenvolvimento desigual resultante, o que possibilitou incorporar ao mesmo tempo os temas tradicionais e os novos da disciplina. Nesta perspectiva, a maior parte dos fenômenos é explicada a partir da sua localização em relação às categorias principais da divisão internacional do trabalho como centro, periferia e semiperiferia, produzidas pela economia capitalista mundial (Taylor, 1989, e Taylor e Wüsten, 2004). A escala explicativa dos fenômenos espaciais nesta perspectiva é preferencialmente a global, sendo os fenômenos locais submetidos à lógica dessa escala e explicados por ela. Há porém, na própria disciplina, ressalvas ao caráter economicamente reducionista e funcionalista dessa perspectiva teórica e às suas limitações frente às múltiplas e complexas escalas dos fenômenos da geografia política. Segundo Smith (1995:72),

> apesar de arrojada em termos conceituais e de atraente em sua abordagem holístico-integrativa, há limitações à teoria de sistemas-mundo como estrutura para se compreender as ligações entre globalização, Estado-nação e lutas locais.

Mais recentemente, superado o fantasma da associação da geografia política com o projeto nazista de poder, fundado na expansão territorial, presente nas décadas de 1950 e 1960, e a sua marginalização na vaga quantitativa dos anos 70, novas perspectivas emergiram. Com a desagregação da União Soviética e a *débâcle* do socialismo na Europa ressurgiram os problemas clássicos dos territórios, fronteiras e do Estado, recolocando na agenda da disciplina os temas relativos às nações, aos nacionalismos e aos regionalismos. Da mesma forma, o debate em torno da eficácia explicativa de modelos abrangentes vem indicando para as ciências sociais que a utilização de diferentes teorias unificadoras, compondo um pluralismo metodológico interdisciplinar, pode ser mais adequada diante de problemas complexos que não se resolvem com modelos explicativos únicos. Deve ser ressaltado, porém, que a geografia política tem respondido à necessidade acadêmica de marcos metodológicos claros, mesmo na ausência, durante a maior parte da sua história, de uma teoria unificadora para as questões que surgem nas relações entre o espaço e a política.

É na perspectiva do resgate dessa teoria unificadora que se situa o retorno recente à obra de Gottmann, que se colocou a tarefa de refletir sobre a melhor organização política, ou seja, aquela de cooperação e de justiça no espaço. Para Prévélakis (2003:724), o modelo teórico proposto por Gottmann antecipou as formalizações teóricas da noção de justiça espacial e oferece uma perspectiva perfeitamente adaptada às preocupações da agenda temática atual da disciplina. Esta, além dos temas tradicionais, que longe de estarem superados requerem uma discussão atualizada, vem incluindo novos problemas que se impõem nas relações entre a sociedade e seus espaços políticos. Entre estes problemas, os relativos à cidadania e às novas formas de incivilidade, às diásporas e à exclusão tendem a compor novos temas a serem investigados. Nesta nova agenda, os conflitos distributivos emergem como uma questão geográfica e definem um campo temático que orienta o olhar para os atores sociais cujos interesses e ações moldam e são moldados por recortes espaciais aos quais esses atores atribuem valores materiais e simbólicos.

No entanto, mesmo na atualidade, a evidência da importância da política — institucionalizada ou não — nos processos de organização dos territórios tem sido contraditória com o pouco prestígio da geografia política, especialmente se é feito um paralelo com outras subdisciplinas voltadas para os temas urbanos, regionais, econômicos e, mais recentemente, aos problemas que envolvem o meio ambiente, todos compondo uma agenda muito mais valorizada como geográfica por excelência. Paralelamente, a relação entre a política, compreendida como modo de organização dos conflitos de interesses, e o território, a arena privilegiada da ação, define as muitas dimensões das relações espaço-sociedade que envolvem temas específicos e requerem um aparato conceitual e metodológico adequado. Em outras palavras, é com recurso ao aparato da geografia política que essas dimensões poderão ser investigadas em profundidade.

Para compreender um pouco mais a contradição entre a grande visibilidade do fenômeno político na geografia e a desconfiança em relação à capacidade de a geografia política ser capaz de investigá-las, dois momentos importantes podem ser identificados. O primeiro, iniciado durante e após a Segunda Guerra Mundial, censurava as teses da necessidade *da lei do mais forte* na relação entre os Estados nacionais elaboradas no âmbito da geopolítica. Esta autocrítica da disciplina resultou do reconhecimento da instrumentalização do saber geográfico para as aventuras coloniais e imperialistas das potências européias e da crítica aos limites científicos de uma agenda limitada ao Estado como um tema central. O segundo pode ser demarcado a partir da década de 1970, com a incorporação do paradigma marxista e do *método materialista dialético* à disciplina. Deve-se à importância de algumas correntes, que adotaram esse *paradigma* como marco teórico, o privilégio conferido à economia política em detrimento da política, negando a esta última qualquer fundamento na explicação dos fenômenos e processos sócio-espaciais.

No entanto, como já foi dito, o mais interessante nesses dois momentos, pela contradição implícita, é que a política nunca deixou de estar em evidência na geografia. Assim, no primeiro caso, preocupados em resgatar a geografia política do seu pecado original — ou seja, da culpa de ter produzido nas primeiras décadas do século XX, logo após sua institucionalização como disciplina acadêmica, um conhecimento a serviço da *ideologia* expansionista do império alemão — os geógrafos criticaram o conteúdo estatista* da disciplina e subestimaram a dimensão política fundadora do Estado moderno; no segundo, tomando como eixo de análise as relações de classe e de poder das sociedades capitalistas, foram eliminadas as possibilidades de um aprofundamento das reflexões conceituais da ciência política e sua aplicação ao campo da geografia. Acrescente-se a esta última perspectiva que são centrais tanto a crítica ao Estado nacional, percebido como um *aparato* a serviço da classe burguesa dominante, como a evidência da sua crise frente aos interesses do grande capital dominante no processo de globalização.

Se no primeiro momento esconde-se uma geografia política envergonhada, no segundo, para aqueles que adotaram o paradigma explicativo do materialismo histórico, renasce uma geografia política que nega qualquer fundamento explicativo às instituições políticas e ao Estado-nação e, contraditoriamente, são valorizadas nas análises as condições do seu enfraquecimento ou mesmo o seu fim: a) pela perda da sua soberania; b) pela permeabilidade das suas fronteiras; c) pela desnacionalização do capital financeiro; d) pelo fortalecimento dos novos atores supranacionais, como as grandes corporações e as organizações internacionais de regulação; e) assim como pela perda da sua centralidade política etc. Paralelamente, estes argumentos são tomados como provas mais do que evidentes de que o Estado nacional deixou de ser um recorte com potencial explicativo para as inúmeras questões recentemente colocadas para a geografia. Porém, como nada é muito simples no universo da investigação acadêmica, a dúvida é sempre uma alternativa melhor que a certeza, e fatos recentes apontam nesta direção.

Face a face com o evento

Os trágicos acontecimentos do ataque terrorista às torres do World Trade Center em Nova Iorque no dia 11 de setembro de 2001, a guerra contra o Afeganistão, a ameaça de guerra contra o Iraque e o uso político destas circunstâncias pela coalizão no poder do governo americano comandada por George W. Bush constituem marcos da história política contemporânea do mundo, cujas avaliações continuam em aberto. No caso da guerra contra o Afeganistão, a aparente perplexidade do Estado-nação mais poderoso do planeta que, na circunstância de declarar guerra, colocar em alerta e mobilizar seu invencível arsenal de armas, vê-se diante da incômoda e inusitada questão: contra quem guerrear? Na guerra contra o Iraque, a motivação explícita de proteger o território dos cidadãos americanos (e de seus aliados) de armas químicas e a motivação implícita de garantir o fornecimento do petróleo exigem refletir sobre algumas observações que ressaltam do cenário imediato produzido por este acontecimento.

Tomando a situação de perplexidade dos Estados Unidos como paradigmática dos dilemas reservados aos Estados nacionais nas mudanças em processo rumo a uma nova ordem mundial, algumas considerações merecem ser feitas sobre o cenário delineado pela eficácia daquela ação terrorista. A constatação imediata da grande flexibilidade da organização em rede, utilizada pelos terroristas, diante da rigidez da organização burocrática estatal, tenderia a reforçar a certeza do papel cada vez mais secundário do

Estado nacional na história contemporânea. Afinal, a guerra tem sido uma estratégia dos Estados para aumentar seu controle sobre territórios e sobre riquezas frente a outros Estados. Neste caso, a mobilização de um arsenal de armas na luta contra um objetivo, como o terrorismo, utilizando o Afeganistão ou mesmo o Iraque apenas como arena concreta para a visibilidade mundial do seu poder certamente não significa nem uma coisa nem outra, podendo ser tomado como um indicador do seu despreparo frente a situações novas. Neste caso, mais do que um novo tipo de guerra, o "império" americano se encontraria diante da antinomia* entre a onipotência e a impotência, da fragilidade diante do excesso de poder.

Porém, o que num primeiro momento, de declaração formal de guerra contra um inimigo difuso, que não é nem um território nem um Estado, reforçaria a certeza do papel secundário dos Estados nacionais, no segundo pode revelar um paradoxo. Este pode ser percebido na contradição entre a perspectiva do enfraquecimento dos Estados, considerados superados como organizações políticas, inclusive pela sua incapacidade de cumprir o que seria o fundamento da sua existência — proteger o cidadão da morte violenta — e as decisões tomadas pelo governo americano, após o ataque terrorista. Para dar um pouco mais de clareza à questão deste paradoxo, o significado dessas decisões deve ser visto nos planos interno e externo, separadamente.

No plano interno, foram tomadas medidas de reforço do controle das fronteiras e de cerceamento das liberdades individuais dos cidadãos, legitimadas pelos recursos legais à disposição do aparato de poder do Estado. Na realidade, estas decisões, que resultaram em medidas objetivas, foram possibilitadas pela sua prerrogativa de centralidade político-territorial do mando e da obediência; paralelamente, assiste-se ao reforço da coesão nacionalista e ao recrudescimento da xenofobia, resultados diretos da funcionalidade dos mecanismos de adesão à solidariedade nacional, fundamento da ideologia nacionalista e suporte do Estado-nação.

No plano externo, a política americana sob o comando da "era Bush" impõe ao mundo as decisões adequadas aos interesses do Estado-nação mais poderoso do planeta, potência bélica única e onipotente. Tudo isso acontece num momento de reforço das estratégias de solidariedade dos Estados nacionais que, organizando-se em blocos, se fortalecem como resposta aos desafios da nova ordem econômica das grandes empresas e do capital financeiro. Nesse sentido, o desequilíbrio do poder entre os Estados nacionais contemporâneos, inclusive entre aqueles do Primeiro Mundo, e a falta de disposição do mais forte para organizar aliados, negociar e respeitar os pactos internacionais de soberania, parecem ser hoje uma questão mais crucial na nova ordem mundial do que o pretendido definhamento do Estado nacional e seu aparato institucional.

Na realidade, estamos hoje diante de um mundo em transição, cuja direção das mudanças vem sendo objeto de interpretações nem sempre convergentes. O conceituado historiador Eric Hobsbawm (1995), por exemplo, argumenta que a queda do muro de Berlim marcou o final do século XX, tornando-o *curto*. Outro historiador, também conceituado, como Giovanni Arrighi (1996), considera que o século XX ainda não terminou, sendo portanto mais *longo* que os outros. No século XVI, as mudanças em curso na Europa e no mundo organizado pelas potências da época desafiavam as interpretações. A resposta dada por Maquiavel tornou-o uma referência para o pensamento político pela sua percepção da necessidade de concentração e centralização do poder político e controle do território nas mãos do *Príncipe* (termo que pode ser entendido como o Estado do Absolutismo), garantido por um exército fiel e profissional, como a boa resposta para aquele momento histórico de fragmentação territorial e de enfraquecimento do poder dos Estados. No momento atual, novos atores — globais, nacionais e locais — põem em questão a hegemonia e a centralidade do Estado-nação contemporâneo, que ao contrário do seu papel inovador no passado constitui hoje foco de resistência da ordem que se estruturou em torno dele.

A complexidade do momento atual reside, justamente, na visibilidade e na aceleração dos tempos, dos ritmos e dos interesses que se movem de modo assincrônico em diferentes escalas. É do movimento deste universo variado de fenômenos que a geografia, como saber científico, extrai sua agenda temática e suas questões. À geografia política, como uma das suas divisões, cabe refletir sobre as questões colocadas pelas dimensões inerentes às relações entre a *política* — controle dos conflitos de interesses, decisões e ações — e o *território* — base material e simbólica do cotidiano social. É através desta perspectiva que a geografia política incorpora o conjunto de temas produzidos pelas ebulições que apontam as transformações na ordem atual em diferentes escalas.

Mas esses movimentos de transformações históricas e espaciais nunca são homogêneos nem lineares, e sua dinâmica incorpora também os modos de organização da resistência às mudanças, que permitem a cada ordem tornar-se duradoura e adaptativa, impondo lentidão às mudanças. Em outras palavras, para não privilegiar as dinâmicas do futuro, em detrimento dos movimentos do presente, e para não obscurecer o anacronismo do passado, reduzindo a visibilidade da direção do futuro, um duplo desafio é colocado para a geografia política: incorporar os fatos e as dinâmicas que trazem o novo e ao mesmo tempo considerar e interpretar as estratégias de conservação do antigo. Em outras palavras, é preciso tomar como ponto de partida que um dos traços importantes da natureza do fato político é utilizar os meios colocados a sua disposição para preservar tudo aquilo que lhe é favorável, incluindo-se aí o território, as instituições e as normas que estruturam a organização das sociedades no espaço.

Capítulo 2

Relações entre território e conflito: o campo da geografia política

Tendo em vista os marcos conceituais da política como modo de organizar interesses e do território como recorte e conteúdo desses interesses, este capítulo está dividido em quatro partes. Na *primeira*, são apresentados argumentos que defendem a inseparabilidade entre a geografia como disciplina acadêmica e os marcos institucionais da política que conduziram à criação da geografia política como um ramo específico da disciplina. Na *segunda*, é destacada na história da institucionalização da disciplina a importância do contexto político-territorial e a instrumentalização, pelo poder institucionalizado, do conhecimento produzido, argumentando que esta situação não foi particular da geografia, mas que, ao contrário, se repetiu em todas as ciências sociais. Na *terceira* parte, são retomadas algumas das teses de Ratzel para fundamentar sua proposta de uma geografia política, propondo resgatá-lo do pecado original da disciplina através de um paralelismo entre algumas questões centrais de sua obra e aquelas contidas em

O príncipe de Maquiavel. Na *quarta*, finalmente, procuro delimitar o campo da geografia política contemporânea, insistindo sobre a necessidade de considerar as escalas territoriais dos fenômenos políticos que o identificam.

O argumento desta parte do trabalho é que as escalas dos fenômenos globais, regionais e locais definem recortes significativos para análise em geografia política; mas também a escala do Estado nacional é ainda importante para a identificação, análise e explicação de alguns fenômenos característicos do recorte territorial definido por suas fronteiras. Nesse sentido, uma geografia política que privilegie apenas uma dessas escalas, em detrimento de outras, será necessariamente incompleta.

Da política à geografia política

Em todas as sociedades nacionais há grupos e classes sociais que, devido às suas características, como idade, gênero, escolaridade, renda, profissão, ocupação, local de moradia, religião etc., possuem interesses diferentes e muitas vezes conflitantes. Por exemplo, no meio urbano os moradores reagem à presença de poluidores do ar, como uma fábrica, ou de poluidores sonoros, como clubes ou igrejas. As fábricas poluem porque querem produzir para vender e lucrar, as igrejas colocam alto-falantes para propagar sua fé, os jovens gostam de freqüentar bailes com música em altos decibéis. Os moradores, por sua vez, querem empregos, ar limpo e silêncio. Mudando a escala, do bairro para a cidade, para a unidade da federação, para a região ou para o conjunto do território nacional, mudam os interesses. As unidades da federação disputam investimentos públicos e privados, as nações disputam condições internacionais favoráveis aos seus produtos e à sua sociedade. Portanto, qualquer que seja a escala, quanto mais variada e complexa for a sociedade maior será a diferença entre as necessidades dos grupos e das classes sociais e de cada território ocupado por eles.

Neste sentido, é possível então afirmar que as questões e os conflitos de interesses surgem das relações sociais e se territorializam, ou seja, materializam-se em disputas entre esses grupos e classes sociais para organizar o território da maneira mais adequada aos objetivos de cada um, ou seja, do modo mais adequado aos seus interesses. Essas disputas no interior da sociedade criam tensões e formas de organização do espaço que definem um campo importante da análise geográfica. Neste sentido, podemos indicar que é na relação entre a política — expressão e modo de controle dos conflitos sociais — e o território — base material e simbólica da sociedade — que se encontram os temas e questões do campo da geografia política.

Na realidade, se em toda sociedade organizada há interesses diferenciados, se a vontade de realizá-los gera conflitos e se a política é o modo de organizar esses conflitos de interesses para que, de modo solidário, todos possam alcançar seus projetos de vida, não é possível ignorar a política como uma instituição que faz parte das sociedades diferenciadas e complexas. E se as sociedades se territorializam, ou seja, organizam o território para melhor atender aos interesses e às formas de vida de todos os seus componentes, ou daqueles mais influentes, não é possível ignorar a relação entre geografia e política.

Neste capítulo serão apresentados os argumentos que demonstram a inseparabilidade entre a institucionalização da geografia como disciplina acadêmica e os marcos institucionais e organizacionais da política, estabelecidos pelo Estado nacional, que resultaram na identificação da geografia política como um ramo específico da disciplina. A questão central aqui é a importância dos contextos histórico e geográfico para o nascimento da disciplina e do seu ramo político, e também dos temas privilegiados por uma e por outra.

O argumento aqui é que pensar em geografia política implica perceber a impossibilidade de separar o que se encontra originalmente imbricado: a geografia universitária e os interesses das elites políticas nacionais. Este ponto de partida considera o fato de que a geografia tenha se institucionalizado na segunda metade do século XIX europeu, num momento de grandes disputas territoriais no continente e de consolidação, não apenas da idéia de nação, mas da sua territorialidade política como uma condição essencial da sua existência. Tendo como objeto o conhecimento dos conteúdos e das dinâmicas espaciais, os estudos geográficos sempre ofereceram um importante recurso para a necessidade de controle do território, que se consubstanciava no exercício do poder através tanto da expansão dos impérios da Antigüidade como através do aparato burocrático-institucional do Estado moderno. Portanto, não é coincidência nem pecado original que o status acadêmico da geografia tenha institucionalizado um conhecimento útil para revelar, controlar e dominar territórios, para fazer a guerra, bem como para desvendar riquezas ocultas nas terras distantes que alimentaram as aventuras comerciais coloniais e imperialistas dos séculos XIX e XX. Afinal, todas as ciências participaram desta aventura, nesses séculos, e também em outros: a história, recontando o passado, inventando e fortalecendo mitos nacionais; a antropologia, estudando os povos "primitivos" e abrindo caminho para as novas aventuras civilizatórias ocidentais; a matemática e a física, que desde Arquimedes favoreceram a inovação das armas para a arte da guerra, até a física nuclear; a química e a microbiologia do século XX, que fornecem suportes científicos para armas com capacidade de destruição jamais vistas. Ou seja, em toda a história de disputas entre povos e nações a prerrogativa de um conhecimento, em qualquer campo, sempre representou um trunfo importante para a dominação, ou seja, um recurso do poder e um fator do desequilíbrio entre os povos, os Impérios e os Estados.

Contexto europeu

Foi no contexto político-territorial do século XIX europeu que a geografia tornou-se disciplina acadêmica, e a geografia política, o seu ramo voltado para as questões relativas ao Estado: localização, posição, território, recursos, fronteiras, população, relação com outros Estados etc. Deve ser ressaltado que é do Estado moderno territorial europeu progressivamente delineado e consolidado a partir do século XVII que se trata aqui. Resultado do processo histórico de dissolução da ordem feudal, territorialmente fragmentada e sociopoliticamente dividida em clero, nobreza e corporações de ofício, a centralização territorial do poder foi um dos marcos da modernidade e instituiu uma profunda mudança nos campos político, social e econômico em relação à ordem feudal anterior. O Estado moderno europeu constituiu, na realidade, uma forma de organização do poder político com características que o tornam peculiar e diverso de outras formas históricas interiormente homogêneas de organização desse poder. O elemento central dessa diferenciação consiste 1) na progressiva centralização do poder político em instâncias cada vez mais amplas que terminam por abranger o âmbito completo das relações políticas, 2) na concomitante afirmação do princípio da territorialidade da obrigação política e 3) na progressiva aquisição da impessoalidade do comando político (Schiera, 1986:426).

Duas circunstâncias foram essenciais para este novo ordenamento político-social: a progressiva reunião de condições materiais e de competências organizacionais que capacitavam a centralização tanto do poder político como do controle sobre o território. Neste sentido, a especificidade do Estado moderno em relação a outras formas históricas de organização política reside na sua centralidade territorial, ou seja, na sua prerrogativa institucional de definir normas e exercer coerção sobre toda a sociedade nos limites do seu território (Mann, 1992:192). Deve ser ressaltado que os Estados históricos, mesmo aqueles que definiram normas legais para todo o território sob sua jurisdição, como o Império Romano por exemplo, possuíam fortes constrangimentos infra-estruturais e precisavam dividir o poder político com os notáveis locais, o que os tornava muito mais "territórios federais" do que um poder político territorialmente centralizado (Mann, 1992). Neste sentido, a luta pela posse, controle e submissão legal do território foi e tem sido uma questão central na história de todos os Estados modernos.

A partir do final do século XIX e início do XX, a consolidação da forma moderna do Estado como um projeto territorial e socialmente enraizado teve no nacionalismo um recurso ideológico necessário. Elaborado intelectualmente como um movimento moderno na época da Revolução Francesa (Vincent, 1995:242), o nacionalismo consolidou-se nas lutas pela independência do Novo Mundo no século XIX e permanece ainda operante na atualidade. Na construção do imaginário nacional, forjado pelo nacionalismo, o território tornou-se progressivamente um patrimônio que a nação deve preservar como herança para as novas gerações, sendo a ordem estatal a sua garantia. Um imaginário geográfico é o substrato dessa construção; o conhecimento e a valorização da natureza e o trabalho que a sociedade nela imprimiu também são encontrados em todas as expressões do nacionalismo (Castro, 1997a).

Assim, a apropriação do conhecimento produzido pela geografia foi e tem sido estratégica tanto para a valorização e legitimação dos *direitos* da sociedade ao *seu* território como para produzir um imaginário territorial como componente inseparável da ideologia nacionalista. Nos contextos históricos da Europa Ocidental, berço do Estado territorial como instituição moderna, a transferência do domínio sobre os recortes territoriais da ordem feudal para a nova ordem estatal centralizada não se fez sem lutas, disputas, acordos e guerras. Hoje, os recortes de base étnico-culturais continuam impondo novas questões e pressionando os mapas de alguns Estados para novas mudanças, no continente e fora dele, apoiados no argumento central do direito da nação ao seu território e à legitimidade do controle sobre o aparato institucional que lhe possibilite autonomia na escolha do seu destino. Este tem sido o argumento para grupos separatistas no Québec e no País Basco, além da luta dos curdos, em sua maioria divididos entre a Turquia e o Iraque, pelo direito à soberania sobre o seu território.

No entanto, apesar das disputas territoriais, que ainda existem, persiste um *pacto territorial* explícito para a maioria dos países, tanto entre as potências contemporâneas como para os demais Estados. Neste sentido, o problema do domínio estatal sobre o seu território deixou de ser uma questão de interesse geral e resiste como conflitos localizados. Mas as mudanças no contexto mundial trazem novos problemas e definem novas questões e novos debates para a geografia política. O mais central refere-se ao caráter específico do Estado-nação e à rigidez da sua natureza territorial como objetos de reflexão acadêmica diante de uma nova ordem mundial globalizada, na qual interagem, de modo muito mais livre e flexível, novos atores econômicos, como as grandes corporações transnacionais, as organizações políticas e econômicas supranacionais, os blocos regionais de defesa e de acordos comerciais mútuos e as redes de diferentes tipos. Em nome de uma perspectiva pluralista, mais condizente com a complexidade da atualidade, proponho aqui uma agenda temática para geografia política que partindo da compreensão da forma Estado-nação moderno, de base territorial, suas especificidades institucionais e organizacionais e seus contextos histórico e geográfico seja capaz de avançar na compreensão das mudanças contemporâneas, que afetam e são afetadas por este aparato institucional, incorporando outras escalas de análise para dentro e para fora dele. Porém, é preciso ressaltar que as abordagens dos temas Estado e política na geografia contemporânea só podem ser compreendidas a partir da análise crítica dos paradigmas, ou matrizes conceituais, que as têm orientado.

Na realidade, considerar o Estado como instituição e como questão para a geografia política contemporânea não significa atribuir-lhe qualquer tipo de exclusividade como campo de reflexão, mas apenas indica o reconhecimento de que uma análise balizada pela política nas sociedades modernas não pode ignorá-lo, qualquer que seja a disciplina. Apenas como tomada de posição, acredito que na geografia em geral e na geografia política em particular as dificuldades em tratar o conjunto de fenômenos relacionados ao aparato institucional do Estado, como objeto de pesquisa, devem-se muito mais às restrições estabelecidas pelos paradigmas vigentes em diferentes momentos da disciplina do que às limitações concretas desse objeto de análise. Retomaremos e aprofundaremos este problema em outro capítulo.

A perspectiva-chave para a proposta de resgatar a institucionalidade da política contida no Estado, útil para a análise em geografia, é a discussão da *política* como estratégia para organizar a diversidade (Arendt, 1998), que na modernidade muniu-se do conjunto de ações largamente balizadas pela prerrogativa coercitiva do aparato legal ainda em vigor no mundo. Se essa transferência da política da sociedade para o Estado moderno dela eliminou o seu caráter essencial de *espaço da liberdade,* conduzindo-a muitas vezes à tirania e ao autoritarismo, distanciando-a do seu pressuposto original, permitiu que ela organizasse, de modo duradouro, as suas bases materiais que se encontram no território.

Significado do termo política

É preciso, neste ponto, enfrentar a dupla tarefa de precisar o significado do termo política e delimitar seu conteúdo para as discussões mais pertinentes ao âmbito da geografia política. Três perspectivas para o conceito têm sido predominantes na disciplina: a vertente sociológica, que partindo do pressuposto da perda de centralidade do poder do Estado vê a política cada vez mais deslocada para a sociedade, concebendo-a como condição das regras das disputas e solidariedades sociais, portanto não mais confinada ao monopólio de um aparato estatal enfraquecido, a vertente da economia política, que supõe o domínio estrutural da infra-estrutura sobre a política, que se encontra dominada pelas determinações de um poder imanente do capital, que submete todas as relações sociais à sua lógica, e, finalmente, a vertente teórica da ciência política, que busca compreender os fundamentos das ações e decisões dos atores sociais que se formalizam através do aparato legal e institucional do Estado, identificando-os como fatos políticos que expressam interesses na sociedade. Esta última definiu a agenda temática da geografia política clássica, tendo sido fortemente criticada pela geografia política contemporânea, que orienta sua agenda temática no sentido de incorporar as questões consideradas pertinentes pelas duas primeiras.

O ponto de partida aqui proposto é que não pode haver geografia política que não incorpore a política. Esta deve ser compreendida como a essência das normas socialmente instituídas para o controle das paixões (interesses, conflitos, ambições, escolhas etc.), tornando-se a condição do surgimento do espaço político onde é possível a convivência entre os diferentes. Para Hannah Arendt, "os homens se organizam politicamente para certas coisas em comum, essenciais num caos absoluto, ou a partir do caos absoluto das diferenças" (Arendt, 1998:21-23). Neste sentido, a política surge da relação entre os homens e das opções feitas, historicamente, para a sua realização. No entanto, ainda seguindo Arendt (1998:36), é quando "os homens se juntam, [que] se move o mundo entre eles, fazendo surgir um interespaço [espaço das relações] onde ocorrem e fazem-se todos os assuntos humanos". Mas este espaço, que no primeiro momento é apenas público porque emerge da presença dos outros, só se torna político "quando assegurado numa cidade, quer dizer, num lugar palpável (...) que possa sobreviver (...) e ser transmitido à posteridade na seqüência das gerações" (Arendt, 1998:54). Neste sentido, para a autora não é possível pensar em política sem as condições da sua duração que se encontram nas bases material e social do lugar onde o encontro das diferenças se dá. Esta é portanto a condição fundadora da *pólis*, mas o é também do *território*, arena por excelência do enfrentamento das *paixões* e das regras para a convivência entre os diferentes.

Nas sociedades submetidas ao processo civilizatório da modernidade ocidental, a organização da convivência entre as diferenças se fez através da prerrogativa da autoridade política centralizada no Estado, que traduziu formalmente a execução das regras, das leis, decretos ou regulamentações. Paralelamente, as diferentes formas de engenharia política* adotadas pelos Estados possibilitaram aos atores sociais definir as ações capazes de organizar seus interesses para que estes fossem incorporados às agendas políticas, tornando-os leis, decretos ou regulamentações. É, portanto, esta dinâmica, materializada em territórios políticos, que constitui o objeto da geografia política, mesmo se os atores e os interesses forem diferenciados no tempo e no espaço.

Campo da geografia política

Como já foi indicado no início do Capítulo 1, é na relação entre a política — expressão e modo de controle dos conflitos sociais — e o território — base material e simbólica da sociedade — que se define o campo da geografia política. Porém, é preciso definir melhor do que é dito aqui quando a palavra política é utilizada. Recorrendo ao *Dicionário Houaiss*, a primeira indicação é que se trata de um substantivo que quer dizer: arte ou ciência de governar, ou ainda a arte ou ciência da organização, direção e administração de nações ou Estados e a aplicação desta arte aos negócios internos da nação (política interna) ou aos negócios externos (política externa); também, por extensão de sentido, a palavra pode ser compreendida como uma série de medidas para a obtenção de um fim. É possível então resumir que, em seu sentido mais estrito, na primeira definição, a palavra política refere-se à ação institucional do Estado. Aliás, é nesta acepção que ela é utilizada na filosofia e na ciência política, por exemplo. Em seu sentido amplo, ela engloba os objetivos e a ação de outros atores sociais, e é nesta extensão do seu sentido que se pode falar em política de uma empresa, de uma associação, de uma igreja etc.

Há uma diferença fundamental na abrangência do impacto das ações desencadeadas entre cada uma destas acepções. No primeiro caso, as decisões políticas afetam todo o território e toda a sociedade sob a jurisdição da sua ação; no segundo, apenas o grupo diretamente vinculado e a área de propriedade são afetados. A política de uma empresa, por exemplo, afeta os seus funcionários, o terreno de sua propriedade e seus consumidores, mesmo assim sua política não pode contrariar aquilo que foi determinado pela primeira, ou seja, aquela definida pelas instituições públicas. O mesmo se dá com as igrejas, os sindicatos, as associações de empresas etc. Em síntese, a política como a ação das instituições públicas é social e territorialmente abrangente, enquanto a ação de qualquer outro ator social é restrita, ou seja, afeta apenas áreas e grupos diretamente vinculados. Porém, as duas definições não são estanques, ou seja, não são incomunicáveis, e na prática das sociedades os diferentes atores sociais se organizam para interferir, a seu favor, nas políticas oriundas do poder público. Com relação aos campos disciplinares, é na primeira acepção que tem sido definido o objeto de investigação da ciência política e da geografia política, e na segunda, o objeto da economia, da sociologia e da antropologia.

A partir dessa diferenciação, é possível então delimitar melhor o campo da geografia política. Sugiro aqui três dimensões necessárias aos problemas considerados pertinentes à sua análise: 1) o pressuposto da política, em seu sentido restrito, como central ao controle e à definição dos limites do cotidiano das sociedades; 2) o território como materialidade e arena dos interesses e das disputas dos atores sociais; e 3) o poder como um exercício resultante de relações assimétricas que se organizam no interespaço do mundo social. Em síntese, a centralidade do território como arena política define dois níveis de questões: aquelas produzidas pelas tensões oriundas dos conflitos de interesses que se materializam na *inércia dinâmica* dos espaços territorializados pelas ações e *usos* da sociedade e aquelas oriundas das ações de diferentes atores institucionais em escalas diferenciadas que afetam o território. O conceito de *inércia dinâmica* foi trazido para a geografia por Milton Santos, a partir das discussões de J.-P. Sartre (1980). O termo *uso* é também de Milton Santos em suas últimas reflexões do espaço como *território usado*.

Reitero que a geografia política analisa como os fenômenos políticos se territorializam e recortam espaços significativos das relações sociais, dos seus interesses, solidariedades, conflitos, controle, dominação e poder. Numa linguagem geográfica, estes espaços podem ser identificados como fronteiras, centro, periferia, guetos, unidades políticas etc. Para a análise desses espaços, o recurso ao artifício metodológico da escala tem sido uma perspectiva adequada porque identifica o significado das escalas de ação institucional e os recortes territoriais produzidos por esta ação (Castro, 1995). Yves Lacoste (1985) apontou a importância do problema da escala, e Kevin Cox (1998), indo ainda mais longe, propõe uma abordagem conceitual que define a escala política e considera-a como delimitadora de espaços significativos para a análise em geografia política.

A perspectiva das escalas dos fenômenos permite então organizar o campo da geografia política, ampliando seu escopo pela incorporação das escalas local, urbana e regional, além da internacional. Assim, como recurso analítico e didático, tomamos como ponto de partida a idéia de que as escalas dos fenômenos políticos institucionais da modernidade são aquelas que recortam os territórios locais, regionais e nacionais e o global. Neste sentido, a geografia política não pode prescindir de nenhuma destas escalas, porque elas ainda definem recortes de pertinência da medida das ações institucionais que produzem escalas dos fenômenos políticos. Mesmo se estes fenômenos se reproduzem em mais de uma escala, a consideração de cada uma e a articulação entre elas é necessária.

Tomando a perspectiva acima para o fenômeno político, serão analisados, a seguir, o contexto histórico e geográfico da institucionalização da geografia, o papel de Ratzel e da ideologia do nacionalismo e a elaboração intelectual da geografia política, discutindo a opção pelo *território nacional* como pertinência da medida, isto é, o recorte espacial do fenômeno político institucional mais importante naquele período.

Geografia e projeto político-territorial do Estado-nação

Como não é possível ignorar as questões colocadas pelas sociedades e as respostas encontradas pela ciência em cada momento histórico, discuto aqui a história da institucionalização da geografia e a importância do contexto político-territorial em que esta história se deu. Tentando ir além daquilo que já apontei como o *pecado original* da disciplina, ou seja, a instrumentalização do conhecimento por ela produzido para o exercício do poder sobre povos e territórios, argumento que esta situação se repetiu em todas as ciências sociais, não tendo sido um desvio ideológico particular da geografia.

O nascimento da geografia política como disciplina acadêmica vinculou-se ao conjunto de condições objetivas das potências européias no século XIX. Seria possível afirmar que, em sendo estas condições fortemente relacionadas às disputas territoriais entre os Estados nacionais consolidados e entre aqueles em formação, o conhecimento geográfico desempenhava um papel fundamental na disputa por territórios: para expansão dos Estados, dos Impérios ou do imperialismo no continente europeu e fora dele.

Se a geografia política, como veremos mais adiante, representou o coroamento da intelectualização sistematizada do projeto político-territorial na geografia no final do século XIX, esta intelectualização, longamente elaborada, constituiu o próprio fundamento da disciplina, como enfaticamente demonstrou Yves Lacoste em *A geografia — isso serve, em primeiro lugar, para fazer a guerra* (Lacoste, 1985), recolocando a polêmica do campo da disciplina nos termos da geografia crítica. Apontando a importância histórica do conhecimento geográfico como recurso consciente e necessário para as ações do poder estatal e imperial, a questão proposta pelo autor era discutir o paradoxo entre a importância política e estratégica da disciplina e seu posterior distanciamento destas raízes, identificado na diferença entre os conteúdos da geografia escolar e da geografia universitária. Retomarei este ponto oportunamente.

Quase 20 anos após o trabalho de Lacoste, Smith e Godlewska (1994:1) retomam a questão da pouca visibilidade da antiga relação entre geografia e império. Para eles, como conhecimento ainda não disciplinado nos moldes institucionais modernos, a funcionalidade da geografia para aventuras de conquistas imperiais é bem mais antiga. Como assinalam, citando o trabalho de Joseph Conrad (1926:1-31),

> as conquistas imperiais — sejam na Roma antiga, na China dinástica ou na Grã-Bretanha capitalista — invariavelmente envolveram a expansão geográfica de Estados sobre outros territórios: a extensão de suas aquisições territoriais foi uma áspera e pronta medida de seu poder global.

No entanto, esta conexão entre geografia e império, evidente para Conrad no início do século XX, não foi, até as últimas décadas do mesmo século, amplamente discutida na disciplina. Para os autores citados anteriormente, tanto o historicismo* do discurso intelectual ocidental, que encorajou a se pensar o império como questão muito mais histórica do que geográfica, como também os geógrafos estão implicados nesta invisibilidade da geografia na construção dos impérios, antigos e modernos. Embora a história da geografia claramente reflita a evolução do império, os geógrafos fizeram muito pouco para desenterrar e reconstruir criticamente esta história.

Ambivalência nas análises da história da geografia*

Até muito recentemente, as análises da história da geografia foram amplamente descritivas, recontando os êxitos da disciplina, as carreiras dos seus grandes nomes e as origens e a evolução do pensamento geográfico (Conrad, 1926). A ambivalência dos geógrafos frente aos problemas imperiais é evidente: por um lado, são louvadas as explorações e descobertas realizadas por grandes nomes como Alexander Humboldt e David Livingstone e suas contribuições ao aprofundamento do conhecimento geográfico; por outro, a realidade da opressão e exploração imperiais, por constituírem um problema embaraçoso, é bem menos discutida.

Estas tensões intelectuais e políticas geraram idealizações históricas que, ao serem intelectualizadas, isolaram indivíduos e idéias de seus contextos sociais e dificultaram a tarefa de confrontar criticamente as íntimas ligações entre geografia e império (Conrad, 1926:2). Em conseqüência, a institucionalização da geografia pôde ser realizada sem os embaraços de uma associação entre a disciplina e os problemas do colonialismo e, posteriormente, do imperialismo. No entanto, o preço dessa separação foi a construção de uma disciplina de profundas raízes políticas e, paradoxalmente, sem muitas reflexões críticas sobre o seu contexto histórico, pelo menos até a segunda metade do século XX.

Na primeira metade do século XIX, antes de institucionalizar-se, o campo de conhecimento da geografia ainda não estava relacionado a uma disciplina específica e permanecia um conceito guarda-chuva para uma variedade de expedições e outras atividades conjuntas com as ciências naturais e sociais, alimentando o florescimento das Sociedades de Geografia com informações sobre o vasto mundo que existia muito além das fronteiras européias (Holt-Jensen, 1988:21). A sua institucionalização como cátedra universitária na Alemanha, na década de 1870, assinalou uma alteração relevante no significado do termo geografia, considerada até então "um ramo do conhecimento que tratava de viagens de exploração e de excursões de pesquisa" (Grano, *apud* Forbes, 1989:56).

Contextos histórico e territorial

O contexto histórico teve um significado importante no delineamento do fundamento político-territorial do conhecimento geográfico. Este fundamento definiu a sua agenda temática que deve ser interpretada a partir da importância dos problemas específicos tanto dos países como do período da criação da disciplina. Na Alemanha e na Suíça, já em 1850, a geografia foi introduzida na educação elementar obrigatória, cujos modernos princípios pedagógicos utilizados tornaram possível o seu posterior desenvolvimento na universidade. Deve ser assinalado que após a vitória da Alemanha na Guerra Franco-Prussiana de 1870-1871, políticos influentes perceberam que a geografia poderia servir a um importante propósito político e militar na estrutura formal do ensino obrigatório alemão. A educação geográfica poderia ser usada para reforçar e popularizar a idéia de nação-Estado, um objetivo considerado louvável na época da unificação alemã, além de "proporcionar ao povo melhor compreensão das possibilidades políticas e econômicas das trocas mundiais e do desenvolvimento" (Grano, *apud* Forbes, 1989:21).

Mas, para atender a estes objetivos, era necessário prover melhor formação para os professores de geografia. Assim, com relação ao desenvolvimento da própria disciplina, a institucionalização da geografia tornou-a capaz de organizar-se e reproduzir-se por meio do sistema educacional, elaborando um conjunto de conhecimentos sobre a natureza, a população e as atividades econômicas em todo o mundo, estimulando intensa atividade editorial e cartográfica e a formação de professores para os níveis de ensino primário e secundário (Capel, 1981:102).

A nova situação decorrente da unificação alemã entre 1864 e 1871 definiu novas exigências para os textos e os cursos de geografia nos níveis primário e secundário naquele país. Acrescente-se a isto a formação do império alemão e a aquisição de colônias, dando lugar a uma outra política que estimulou a criação de cátedras e departamentos de geografia em número nunca antes visto (Capel, 1981:97). Para Forbes (1989), mais do que uma atividade educacional, a difusão da geografia e sua consolidação como disciplina acadêmica encontravam-se estreitamente correlacionadas ao serviço da expansão imperialista.

A importância do conhecimento geográfico na Europa Ocidental articulou-se com o contexto interno do progresso econômico dos Estados nacionais consolidados e em fase de unificação. Através da produção de um conhecimento aplicado ao controle do território e ao engajamento universitário nos projetos nacionais de desenvolvimento, a geografia possibilitou a produção de uma resposta aos estímulos externos decorrentes da expansão imperial e da exploração de novas áreas coloniais ou daquelas politicamente dominadas. Neste sentido, o reconhecimento da importância das informações produzidas pela disciplina, para o envolvimento da sociedade através da difusão dos seus conteúdos pelo sistema formal de ensino, estimulou outros países a seguirem o exemplo prussiano.

Como foi visto, a necessidade de formar professores levou o governo prussiano, em 1874, a criar cátedras de geografia em todas as suas universidades. Em outros países europeus a geografia tornou-se disciplina universitária mais ou menos pelas mesmas razões. Tanto a geografia como a história poderiam servir para estimular sentimentos nacionalistas. Neste sentido, a posição relativa de uma ou da outra no sistema educacional dependia do grau de utilidade que as circunstâncias exigiam para construir a idéia de identidade nacional.

Alguns exemplos são ilustrativos. Na Alemanha, com sua longa história de fronteiras móveis e divisão em pequenos Estados, padrões geográficos associados às áreas de idioma alemão pareciam bastante significativos, e a geografia foi muito valorizada. A Noruega, por outro lado, desenvolveu seu sistema educacional durante o período em que estava submetida à Suécia (1814-1905) pela união das coroas dos dois reinos, mas não tinha disputas de fronteiras. Esta circunstância encorajou um despertar nacional com ensinamentos que resgatavam as vitórias gloriosas dos tempos dos vikings e valorizavam o que os noruegueses consideravam como a preciosa Constituição liberal de 1814. Neste caso, a história tornou-se mais importante do que a geografia. Na Finlândia, que também experimentou a submissão pela união de coroas com a Rússia czarista, mas não possuía um passado glorioso claramente discernível, a geografia aparecia como uma disciplina importante, especialmente pelas possibilidades da sua competência cartográfica. Nesse país, um trabalho de pesquisa pioneiro e de grande significado político no processo de liberação foi o *Atlas da Finlândia*, editado em 1899 e que destacava o território e as singularidades da terra finlandesa (Holt-Jensen, 1988).

Também seguindo a Prússia, a França, a Suíça e a Inglaterra criaram cadeiras de geografia em suas universidades. Esta última, só bem mais tarde, valorizou o ensino superior de geografia, mas não sem polêmica no seio da comunidade científica inglesa da época. Para Capel (1981:137), este atraso nega a hipótese de que a geografia foi um saber técnico indispensável ao imperialismo europeu. Pois se assim fosse ela teria se institucionalizado primeiro no país de maiores interesses imperiais. Para o autor, deveríamos esperar que fosse na Grã-Bretanha, e não na Alemanha, que a geografia se desenvolvesse mais cedo. No entanto, deve ser lembrado que na Inglaterra a produção e divulgação do conhecimento geográfico eram muito bem desempenhadas pela Royal Geographycal Society, que oferecia uma geografia que atendia melhor aos interesses da burguesia inglesa do que uma geografia universitária. Mas, se a hipótese de uma geografia estritamente vinculada a um projeto imperial é questionável para Capel, ele mesmo reconhece que, no caso da geografia francesa do final do século XIX, "a geografia era uma ciência aceita com reticências por naturalistas e cientistas sociais (...) mas se apesar de tudo a geografia resistiu foi mais por razões pedagógicas e ideológicas que por razões estritamente científicas" (Capel, 1981:123).

Não cabe aqui polemizar sobre a confirmação ou não da hipótese do saber geográfico como um saber técnico a serviço do imperialismo. Afinal, todas as ciências sociais que nasceram no século XIX o foram. Cabe sim destacar a importância desse saber na afirmação da legitimidade do controle territorial para a consolidação do projeto nacional dos Estados na Europa e fora dela. Da mesma forma, a história, ao recontar fatos, eleger mitos e heróis, contribuiu para a ideologia nacionalista e a construção de um imaginário da nacionalidade, cuja funcionalidade ainda é importante (Girardet, 1986).

A polêmica sobre o conhecimento geográfico a serviço do poder

Lacoste, no trabalho citado, identifica claramente a importância política do conhecimento produzido pela geografia e critica de modo contundente a pretensa distância da comunidade acadêmica em relação a este caráter da disciplina. Denunciando o papel dissimulador do que ele denomina geografia "espetáculo" — dos manuais de turismo — e o da geografia escolar, o autor resgata o compromisso da disciplina com a compreensão do espaço, não apenas como um *locus* de poder, mas principalmente com um problema do poder. O autor deixa claro que, obviamente, isto não significa que aqueles que produzem conhecimento geográfico devam estar a serviço do poder, qualquer poder.

Dando visibilidade ao que ele denomina geografia dos Estados maiores, como um saber estratégico apropriado pelo comando militar de um Estado para controlar o território e a sociedade, Lacoste ressalta também que o ensino da geografia é, incontestavelmente, ligado à edificação do sentimento nacional. Acrescenta ainda que os argumentos geográficos pesam muito fortemente não somente no discurso político (ou politizado), mas também na expressão popular da idéia de pátria, quer se trate de reflexos de uma ideologia nacionalista invocada pelos generais, por uma pequena oligarquia, por uma "burguesia nacional", por uma burocracia de grande potência ou se refira aos sentimentos do povo vietnamita. O autor concorda com a idéia de que o nacional se formula, em grande parte, como um fato geográfico: o território nacional, o solo sagrado da pátria, o mapa do Estado com suas fronteiras e sua capital é um dos símbolos da nação (Lacoste, 1986).

Na década de 1970, ao retomar a relação tripla entre território, Estado e geografia, Lacoste polemizou e recolocou a dimensão política e, conseqüentemente, a geografia política na agenda dos temas e das divisões acadêmicas da geografia. Após ter sido renegada, depois da Segunda Guerra Mundial, pelas críticas ao engajamento da disciplina na aventura colonial européia e após a identificação do comprometimento das teses da geopolítica com a expansão do nazismo e dos horrores daquela guerra, a geografia política entrou em profundo ostracismo, e os geógrafos evitavam qualquer indício de responsabilidade na relação entre o conhecimento que produziam e as iniqüidades do colonialismo, do imperialismo e da guerra.

Marginalização da geografia política

A razão para a marginalização da geografia política por parte da própria comunidade geográfica é explicitada em um trecho do longo verbete sobre a geografia no dicionário *Les Mots de la Géographie* (Brunet *et al.*, 1992:236):

> As perturbações da Europa e de seus nacionalismos na segunda metade do século XIX e primeira do XX fizeram outras exigências à geografia: a legitimação das fronteiras ou, ao contrário, fragmentações territoriais, anexações, até mesmo deportações. Bismarck criou várias cátedras de geografia após 1870; os "intelectuais" se dobraram a esta perspectiva ou se animaram, em nome do "espaço vital", da "lei do solo e do sangue" e outras frivolidades sinistras. A palavra geopolítica, inventada por um sueco e que se lia em alemão no tristemente célebre *Zeitschrift für Geopolitic* foi corrompida. E foi esquecida desde 1945. Ela voltou. Não há certeza de que seja um progresso. Porque nada na geografia comanda a política, e cometeremos um grande erro se pensarmos o contrário.

Na realidade, a crítica de Brunet é dirigida ao modo como a geografia política e a geopolítica estiveram diretamente implicadas na intelectualização das disputas territoriais entre os Estados, e é significativa da autocrítica da disciplina em relação ao determinismo geográfico. Este, como fundamento da explicação científica dos fenômenos, no caso particular da geografia, possibilitou a questionável legitimidade de estudos que "cientificamente" justificavam a dominação imperial e a exploração de territórios e de sociedades dependentes. O determinismo da natureza sobre o processo civilizatório alimentou importante debate intelectual a partir de pensadores europeus como Montesquieu no século XVIII. As teses do filósofo francês no seu trabalho de 1748 sobre *O espírito das leis* buscavam demonstrar, a partir do conhecimento científico da época, os efeitos do clima sobre o caráter e a inteligência dos povos. Para ele, e todos que alimentaram, e ainda alimentam, esta corrente, os climas temperados e frios são muito mais adequados à inteligência, à boa moral e ao trabalho. Neste sentido, o processo civilizatório imposto aos povos que não puderam se beneficiar de uma natureza mais adequada ao desenvolvimento era visto, portanto, como um ato de generosidade e não como exploração. É importante ficar atento às sementes desse discurso que continuam germinando.

Para além do debate sobre o determinismo na geografia, é impossível ignorar que o conhecimento produzido por qualquer disciplina certamente poderá ser apropriado e utilizado pelo poder — por qualquer poder. Neste sentido, é importante reconhecer os limites ideológicos do debate em torno dos modos de apropriação do conhecimento geográfico pelos poderes instituídos e não confundir a geografia, ciência que se propõe dar a conhecer o espaço da humanidade, com os geógrafos e seus interesses como atores intelectuais, sociais e muitas vezes políticos.

A proposta aqui não ignora os termos dos muitos debates na disciplina e os incorpora no sentido de resgatar a importância da geografia política, visitando o espaço da política na atualidade, mas tentando também compreender de que modo este espaço, no final do século XIX, propiciou as condições objetivas para a criação da disciplina.

Como este *espaço* é sempre conflituoso, só pode ser compreendido no contexto histórico das questões e das disputas de interesses pelos agentes dos conflitos. Desse modo, só faz sentido uma geografia política no início do século XXI se é aceita a idéia preliminar de que a geografia política do século XIX fazia sentido. O geógrafo alemão Ratzel foi quem melhor compreendeu e explicitou a importância do território como um suporte duradouro para o poder das instituições políticas, e sua *Geografia política* é o resultado disso. Este é o tema que apresentarei a seguir.

Ratzel e a geografia política

Nesta parte retomo alguns dos fundamentos da geografia política de Ratzel no sentido de resgatá-lo do *pecado original* da disciplina, traçando um paralelismo entre algumas questões centrais de sua obra e aquelas contidas em *O príncipe* de Maquiavel. O objetivo nesta comparação é demonstrar que, da mesma forma que Maquiavel, Ratzel era um intelectual do seu tempo, e para ele o nacionalismo, como estratégia de consolidação do império alemão, era bem mais importante do que a adesão a uma ética política de defesa dos povos e dos Estados mais fracos.

Nesta perspectiva, proponho começar por discutir o eixo de análise mais importante da geografia política fundada por Ratzel com a publicação do seu *Politische Geographie* em 1897. Afinal, é por aqui que todos os trabalhos deste campo começam. Este eixo é o vínculo estreito entre o Estado e o *solo* — que pode ser compreendido como o território construído por uma sociedade através da sua história; o enraizamento da sociedade e do Estado ao *solo*, que se torna o continente de signos e símbolos socialmente construídos e valorizados como patrimônio comum de um povo. Este foi o eixo em torno do qual se estruturou a geografia política ratzeliana e fundamento das questões levantadas por seus críticos.

No prólogo da primeira edição da sua *Geografia política*, Ratzel expressa a preocupação em lhe dar uma dimensão científica, superando as queixas sobre a sua aridez. Para ele, esta disciplina essencial só adquiriria vida e sentido com a elaboração de uma ordem estruturada do material bruto existente — descrições, inventários estatísticos, cartas históricas e políticas — e com uma pesquisa fundada na comparação e na abordagem dinâmica desse material. Apontando as obras de geografia, "cuja literatura alemã e francesa, em particular, dão amostras exemplares", ele conclui que o que falta fazer para "elevar a um nível superior o [conjunto] da geografia política, [é o] estudo comparativo das relações que existem entre o Estado e o solo" (Ratzel, 1988:2). Ele admite que essa tarefa requer realçar a ciência política, mas que esta sempre se absteve de qualquer consideração espacial, de qualquer comparação entre Estados ou partes deles. É nesta lacuna que a geografia política justifica sua existência, pois "aos olhos de certos politólogos e sociólogos, também para numerosos historiadores, o Estado flutua no ar e o seu território nada mais é que uma forma superior de propriedade fundiária" (Ratzel, 1988:2).

A geografia política de Ratzel tinha, portanto, como tarefa demonstrar que o Estado é fundamentalmente uma realidade humana que só se completa sobre o solo do país. Em sua perspectiva, os Estados, em todos os estágios do seu desenvolvimento, são percebidos como organismos que mantêm com o solo uma relação necessária e que devem, por isso, ser considerados sob o ângulo geográfico. Ratzel nota ainda que o sentido geográfico jamais faltou aos pragmáticos homens de Estado, sendo dissimulado sob o nome de "instinto de expansão", de "vocação colonial" ou de "sentido inato de poder", acrescentando que quando se fala de instinto político sadio pensa-se mais freqüentemente em uma avaliação correta dos fundamentos geográficos de todo poder político. Como seu projeto intelectual ia mais além dos marcos de uma disciplina científica, ele acreditava que o "sentido geográfico poderia ser, se não inculcado, pelo menos desenvolvido" e tinha esperanças de que seu livro não interessasse apenas aos geógrafos. Para ele, o sentido geográfico deveria fazer parte da própria sociedade (*op. cit.*)

Contexto da obra de Ratzel

Como não se deve separar as obras dos seus contextos, mesmo que no caso de Ratzel este seja bem conhecido, em nome da clareza tentarei uma síntese, destacando duas dimensões do ambiente em que ele viveu e desenvolveu sua obra, as quais são consideradas mais pertinentes para a compreensão da agenda temática da sua geografia política e da agenda de uma geografia política contemporânea.

A primeira dimensão encontra-se no ambiente político, que no caso dos séculos XVIII e XIX corresponde ao momento histórico de consolidação dos Estados nacionais na Europa, cujas disputas territoriais se estenderam por esses séculos. No caso particular da Alemanha, ocorreram prolongadas negociações e guerras para a unificação dos Estados germânicos, finalmente alcançada com a liderança de Bismarck em 1870.

A segunda dimensão é marcada pelo ambiente filosófico na Alemanha, fortemente influenciado pela obra de Hegel, especialmente os *Princípios da filosofia do direito*, de 1821, e pelo ambiente científico afetado pelas grandes construções teóricas na biologia, especialmente o evolucionismo de Charles Darwin; também a sociologia, nascida no século XIX na esteira das transformações da Revolução Industrial, participou na elaboração da agenda acadêmica na época. Na realidade, Estado, território e sociedade estavam na ordem do dia das reflexões e das ações concretas das nações européias no século XIX. As reflexões da filosofia e das recentes ciências sociais, entre elas a geografia, com a pretendida síntese entre o mundo humano e o natural, foram respostas às ocorrências do mundo que elas tentavam explicar. A contribuição de Ratzel foi demonstrar que essas ocorrências eram espacializadas e que sem o *sentido geográfico* as análises científicas ficariam incompletas.

Sua sensibilidade para o universo das relações sociais, econômicas, políticas e territoriais conduziu-o a pesquisar o aspecto visível das coisas, considerando implicitamente o universo relacional. Sua preocupação era compreender "este poder que faz 'mover' o mundo, que abre as rotas e desenvolve o comércio, joga as nações umas contra as outras, empurra as armas para a frente e finalmente engendra desequilíbrios de todos os tipos, verificados em cada escala das relações" (Hussy, 1988:iii). Ratzel, na realidade, percebeu e registrou o processo de consolidação dos Estados nacionais que se fazia através da submissão do território: de modo objetivo pela lei e pela força e simbólico pela construção do imaginário nacional.

Nesse processo, o território era não apenas um trunfo, mas a própria essência do processo, e, com as suas reflexões, Ratzel respondeu à questão colocada no século XIX europeu para os Estados tardios. Não é de estranhar, portanto, que a sua geografia política tivesse sido uma geografia do Estado.

Não procede, portanto, a crítica de Raffestin (1993) que, preocupado em argumentar sobre as relações de poder que se organizam fora do Estado moderno, não percebeu que este só pôde existir, ajudando a moldar a história do século XIX e boa parte do XX, justamente porque concentrou e monopolizou o poder político no território. É preciso aqui deixar claro que, independentemente da polêmica entre a matriz intelectual liberal e a marxista sobre os limites do poder do Estado nas suas relações com a sociedade, o aparato institucional do poder político, territorialmente centralizado, é uma instância fundamental da modernidade ocidental e deve ser compreendida em todas as suas dimensões.

Neste sentido, a agenda da geografia política do século XXI deve ser ampliada, na medida em que há novos atores que não se deixam aprisionar pelos limites institucionais do Estado. No entanto, paralelamente a essa perspectiva, é preciso estar atento, pois este *artefato* tem se mostrado ainda capaz de redefinir suas funções, preservando espaços de utilidade para a organização dos interesses e para o controle dos conflitos.

Assim, se não é recomendável na atualidade uma geografia política apenas do Estado, como fez Ratzel, será sempre incompleta uma geografia política que o ignore ou que não consiga perceber efetivamente do que se trata na atualidade quando se fala da política e do Estado. O geógrafo alemão foi bastante sensível à importância não apenas do território como continente do poder político, mas da necessidade de um aparato capaz de integrá-lo, controlá-lo e tornar seu conteúdo um recurso de poder, cujo objetivo era reforçar-se para perdurar. Utilizando a dimensão relacional e categorias como posição, extensão e limites, Ratzel mostrou ser também um bom discípulo de Maquiavel.

Afinal, a centralidade do poder do Príncipe requeria um território unificado, mas tinha como objetivo maior uma existência que fosse duradoura. A ética política inaugurada pelo florentino justificava toda e qualquer ação que conduzisse a este fim, mais elevado que qualquer outro. Neste sentido, se na perspectiva do Estado como espírito superior no comando da boa sociedade a influência é dos *Princípios da filosofia do direito,* do filósofo alemão Hegel, no alinhamento das causas da sua debilidade ou da sua força a inspiração está claramente em *O príncipe* de Maquiavel. Desvendar a *geografia política* ratzeliana a partir de Maquiavel certamente permitirá recuperar sua obra dos limites da crítica ao seu determinismo.

Ratzel x Maquiavel

Como Maquiavel, Ratzel separou a moral política da moral comum e colocou o patriotismo acima dos métodos requeridos para alcançar um bem maior, no caso um Estado alemão, legitimado pelo seu *solo*, poderoso e capaz de proteger o seu povo. Para Maquiavel, a substituição das *antigas instituições* de poder político territorial que fragmentaram e enfraqueceram a Itália seria tarefa de um *príncipe novo, de novas leis e novos regulamentos*, que permitiriam resgatar sua força e comandar sua redenção; para Ratzel, a Alemanha só realizaria seu destino de potência, para fazer frente às outras potências européias, através da consolidação duradoura da reunificação germânica.

Maquiavel percebeu, no século XVI, que a centralização nas mãos do príncipe do poder político, que se encontrava disperso, isto é, dividido entre diferentes atores e instâncias sociais, era a grande inovação que permitiria à Itália resistir às invasões e à fragmentação do seu território impostas pelos reinos europeus, como Espanha, França e Inglaterra. Também Gramsci (1980) apontou a importância da França e da Espanha como exemplos, para Maquiavel, de domínios políticos que alcançaram uma poderosa unidade estatal territorial sob o poder de monarquias absolutistas, acrescentando como esta forma política permitiu e facilitou o desenvolvimento das forças produtivas burguesas. Ratzel, por sua vez, percebeu no século XIX que, na situação de atraso em relação ao processo de unificação territorial da Europa Ocidental, a segurança, a estabilidade e o desenvolvimento da Alemanha, nesse momento histórico vislumbrado na Revolução Industrial, só seriam alcançados sob o comando de um Estado forte, legitimado pelo enraizamento do seu povo no território, ou seja, no solo pátrio. Enquanto Maquiavel vislumbrou o Estado moderno, de tipo absolutista, como a estratégia institucional para consolidar, de modo duradouro, o poder dos italianos sobre o seu território, Ratzel percebeu que, nas condições européias do século XIX, esta estratégia territorial teria que avançar para a construção do Estado-nação com a adesão do *povo* à ideologia do nacionalismo.

"Capitalismo" e "territorialismo"

A centralidade do Estado na geografia política ratzeliana deve ser também compreendida no contexto europeu de liderança na expansão do capitalismo mundial. Pois, como aponta Giovanni Arrighi,

> em parte alguma, com exceção da Europa, esses componentes do capitalismo [agentes comerciais, corretores, banqueiros] fundiram-se na poderosa mescla que impeliu as nações européias à conquista territorial no mundo e à formação de uma economia mundial capitalista poderosíssima e verdadeiramente global. Por essa perspectiva a transição realmente importante (...) é a do poder capitalista disperso para um poder concentrado. E o aspecto mais importante dessa transição é a fusão singular do Estado com o capital, que em parte alguma se realizou de maneira mais favorável ao capitalismo do que na Europa (Arrighi, 1996:11).

Deve ser acrescentado que a concorrência interestatal foi um componente crucial desse processo, além da formação de estruturas políticas dotadas de capacidades organizacionais cada vez mais amplas e complexas para controlar o meio social e político em que se realizava a acumulação do capital em escala mundial.

Porém, nessa dinâmica do sistema capitalista mundial há uma contradição recorrente entre uma "interminável" acumulação de capital e uma organização relativamente estável do espaço político. Trata-se, respectivamente, do que Arrighi classifica de "capitalismo" e "territorialismo" como modos opostos de governo ou de lógicas do poder. Para ele,

> os governantes territorialistas identificam o poder com a extensão e a densidade populacional dos seus domínios, concebendo a riqueza/o capital como um meio ou um subproduto da expansão territorial. Os governantes capitalistas, ao contrário, identificam o poder com a extensão do seu controle sobre os recursos escassos e consideram as aquisições territoriais um meio e um subproduto da acumulação do capital (Arrighi, 1996:33).

Estas são duas lógicas de poder que representam estratégias alternativas de formação do Estado que não funcionam isoladamente uma da outra, mas, ao contrário, estão relacionadas entre si num dado contexto espaço-temporal. Neste sentido, "historicamente, a tendência mais acentuada para a expansão territorial brotou da sementeira do capitalismo político" na Europa, pela impossibilidade de os Estados do continente alcançarem hegemonia com apenas uma ou outra dessas duas lógicas (Arrighi, 1996:34).

Os temas trabalhados por Ratzel em sua geografia política expressam esse contexto espaço-temporal da Europa, e da Alemanha em particular, na segunda metade do século XIX. Começando pela relação entre solo e Estado a partir de analogias com a biogeografia, o geógrafo alemão procurou teorizar o Estado como intrinsecamente geográfico, reelaborando argumentos que, de modo disperso e implícito, encontravam-se formulados pelos historiadores e pelos pensadores políticos, desde Maquiavel, realçando-os, porém, com as fortes cores das correntes filosóficas do idealismo e do romantismo alemães, esta última valorizando a natureza e o enraizamento dos povos aos seus territórios. Além disso, a posição, a extensão e as fronteiras eram também questões importantes no sistema de Estados europeus inaugurado pela Paz de Vestfália em 1648 (Kennedy, 1989).

No entanto, se a opção ratzeliana de elaborar um aparato teórico conceitual que legitimasse a forma Estado territorial nos moldes dos interesses alemães da época não responde mais ao contexto espaço-temporal do século XXI, não significa que o tema Estado deva ser abolido das considerações da geografia política contemporânea. Aliás, todos os geógrafos que tentaram fazê-lo, substituindo o nome da disciplina pelo sofisma do poder, caíram na sua própria armadilha.

Afinal, se o poder, enquanto essência da capacidade para fazer ou para obter algo não está restrito à lógica e ao aparato estatal, o poder político territorialmente centralizado está. Neste sentido, todas as *geografias do poder* dobraram-se à necessidade de incorporar a forma Estado. Mas mesmo com esta incorporação elas muitas vezes empobreceram as potencialidades explicativas dos fenômenos políticos territorialmente institucionalizados, quando não consideraram a extensão e os limites das relações antinômicas* e complexas, porém não mutuamente exclusivas, que existem entre atores estatais burocráticos, atores econômico-financeiros e atores sociais na constituição do território.

Como o tema Estado será tratado em um outro capítulo deste trabalho, adianto aqui que este ainda é um recorte explicativo importante para a geografia política porque constitui a escala dos fenômenos oriundos do universo decisório institucional da política territorialmente centralizada. É inegável que as decisões desse universo afetam a organização do espaço e o cotidiano dos seus habitantes, mesmo que a partir do final do século XX o poder regulatório das instituições políticas localizadas no aparato estatal tenha que incorporar os interesses a outras instituições supranacionais, como o FMI, a OMC, o Banco Mundial e o mercado financeiro. Da mesma forma, no século XIX os Estados incorporaram os interesses da burguesia industrial e, no século XX, incorporaram os interesses dos trabalhadores na constituição do Estado de Bem-Estar.

Na realidade, o aparato institucional do Estado ainda não deixou de ser capaz de engendrar ações que afetam profundamente o espaço, para dentro e para fora dos seus limites territoriais. O que cabe indagar é, portanto, de que modo o espaço organizado por outros atores define as condições para aquelas ações. A pouca ressonância das questões sobre a lógica das instituições do Estado-nação como objeto de pesquisa, em algumas tendências da geografia política nas últimas décadas do século XX, resulta muito mais dos paradigmas adotados por essas tendências do que de uma fraqueza explicativa inerente a esse objeto.

Ultrapassar os limites de modelos explicativos estruturais abrangentes impõe à geografia retomar o que tem sido pouco pensado na disciplina: o Estado, ator institucional, e os atores sociais. Ambos definem escalas dos fenômenos políticos que recortam o espaço de forma diferenciada e impõem uma realidade complexa que não pode ser compreendida a partir de uma escala apenas. Tomando essas suposições, procuro indicar o campo da geografia política na última parte deste capítulo.

A geografia política contemporânea

Retomo aqui o que já foi indicado no capítulo da Introdução sobre *campo* da geografia política como a relação entre a política — expressão e modo de controle dos conflitos sociais — e o território — base material e simbólica da sociedade. Esta delimitação tem como ponto de partida que as questões e os conflitos de interesses na sociedade produzem disputas e tensões que se materializam em arranjos territoriais adequados aos interesses que conseguem se impor em momentos diferenciados.

Mesmo se a indicação do campo da disciplina parece simples, a tarefa de delimitá-lo, como aliás em qualquer disciplina, é árdua, porém necessária, pelo menos como aproximação temática no labirinto de possibilidades abertas pelas questões postas ao universo político na atualidade. A necessidade e a dificuldade desta delimitação decorrem, ambas, da característica do tempo atual, comandado por atores individuais e institucionais que, por isso mesmo, possuem uma complexidade de novo tipo, diferente da geografia das comunidades, das nações ou dos impérios. Na atualidade, uma sociedade pode existir em múltiplas escalas, da local à mundial, o que paralelamente estabelece a necessidade de os territórios delimitados e estáveis da política serem obrigados a conviver com as múltiplas espacialidades inventadas pelos atores sociais (Lévy, 1999:21). Essa perspectiva remete a Hannah Arendt, já indicada, e reforça a impossibilidade de pensar a política fora de seus marcos institucionais, por definição duradouros. Esta é uma característica que pode ser tomada como diferenciadora de um espaço político: a condição de não ser efêmero.

Pensar um *espaço político* como um recurso metodológico para identificar as condições que o diferenciam de outros espaços, objetos de estudos na geografia, me parece necessário. Para qualificar esse espaço político tomo dois pontos de partida que podem ser promissores: a perspectiva das escalas territoriais dos fenômenos políticos e a identificação do campo da disciplina, isto é, o conjunto estruturado de noções que indicam a área de ação ou de extensão de um fenômeno ou de um processo que caracteriza uma área do conhecimento.

As escalas

Tomando a escala dos fenômenos políticos como problema, ao contrário da geografia política clássica, surgida nos marcos da escala territorial dos Estados nacionais e nas disputas entre eles, nas últimas décadas do século XX a disciplina precisou responder aos desafios dos fenômenos em escalas múltiplas. Nesse período, a escala dos fenômenos da *globalização* impôs-se a todas as reflexões na maioria dos campos das ciências sociais, tanto pela novidade neles contida e pelo leque de questões colocadas às outras escalas como pela opção de uma abordagem conceitual fundamentada em modelos explicativos abrangentes na maioria dos estudos. No caso da geografia política, a busca de uma perspectiva nomotética*, há muito esgotada nos falseamentos do determinismo naturalista, levou-a ao encontro das teorizações dos movimentos sistêmicos da reprodução ampliada do capital no comando da globalização, como já indicado.

O paradigma mais amplamente aceito por algumas correntes da geografia política contemporânea, em que se examina a "globalização" e seu impacto sobre localidades, encontra-se na teoria de sistemas-mundo de Immanuel Wallerstein, com forte influência na elaboração da chamada "nova geografia política". Esta teoria oferece uma estrutura conceitual que se propõe situar a nação-Estado e as políticas locais no contexto das determinações globais, as quais distinguem o que ocorre no nível global dos acontecimentos na arena subnacional, propondo-se como alternativa às abordagens centradas no Estado. A premissa dessa proposição é que o que está ocorrendo na escala global tem efeitos mais diretos na configuração das formas locais de ação política coletiva do que o que ocorre no próprio Estado (Smith, 1996:69). Invertendo a proposição, nesta perspectiva as ações políticas locais são sempre determinadas pelos vetores da escala global, devendo-se concentrar nela as questões e as indagações para as pesquisas, mesmo que o objetivo seja compreender as esferas do cotidiano.

Ora, a importância da globalização como questão — histórica, econômica, política e geográfica — encontrou a geografia política da segunda metade do século XX liberta dos marcos *estatistas* da sua vertente clássica, de forte influência ratzeliana. Paralelamente, a crítica interna da disciplina sobre os limites de uma reflexão acadêmica naqueles marcos, feita pelos apóstolos do fim do Estado-nação e da sua pouca importância como continente e conteúdo explicativo, já exercia grande atração sobre as reflexões dos geógrafos. Não foi difícil, então, a escala global tornar-se o recorte privilegiado para investigar os processos econômicos e políticos, sendo considerado epifenômeno* tudo que acontecesse nas escalas nacionais e locais. Um exemplo expressivo desta mudança nos é dado por Peter J. Taylor quando afirma:

> em nosso tempo a noção de "globalização" é uma das idéias-chave para compreender as mudanças sociais contemporâneas. Após o confinamento da política global, o mundo tem se tornado cada vez mais integrado economicamente, tanto que ao fim do nosso século prognósticos voltam-se para a escala da desumanização na qual nossas vidas estão organizadas. Mesmo os Estados, o foco da maior atividade

> política, parecem estar marginalizados pelas forças econômicas trans-Estado que avançam fora do seu controle. O século XX é o período da escala geográfica global e (...) da análise global da sua geografia política (Taylor, 1993).

Para o autor, que considera o momento histórico contemporâneo sob a perspectiva da transição para o declínio dos Estados, com a conseqüente desintegração da sociedade civil e o surgimento da era do *grupismo* "é tão eficaz trabalhar ao nível local quanto ao nível global, mas de agora em diante é de interesse relativamente limitado trabalhar ao nível do Estado-nação" (Taylor, 1993:22).

No entanto, se os avanços tecnológicos constituem traços marcantes da velocidade característica da globalização do final do século XX, este fenômeno que é o próprio fundamento do capitalismo é historicamente bem mais antigo (Arrighi, 1996; Wallerstein, 1984), ou seja, tomar a globalizaçao como paradigma, no sentido de estrutura conceitual dominante que alguns sociólogos dão ao termo, requer definir previamente os limites dos fenômenos a serem analisados.

Porém, é preciso acrescentar e discutir que a complexidade do processo de globalização reside justamente na articulação entre as múltiplas escalas de ocorrência dos fenômenos políticos, nem sempre sincrônicos, e o modo como cada um se reflete em escalas territoriais diferenciadas. Portanto, se a geografia política do Estado como escala privilegiada de análise de alguns fenômenos deixou de ver outras escalas significativas dos espaços políticos, tomar a escala global como determinante certamente resultará numa visão incompleta das outras escalas do acontecer social e espacial.

Buscamos apoio em Wallerstein (1999), referência dos geógrafos políticos, como Peter Taylor, já citado, que incorporaram suas formulações da teoria de sistemas-mundo como eixo importante de renovação da disciplina. É ele quem, justamente, reconhece a temporalidade diferenciada dos processos e das perspectivas dos atores que comandam as mudanças que afetam "os problemas prementes, inesgotáveis da vida de todos os dias (...)" — as estratégias de sobrevivência do cotidiano — e "os problemas de longo prazo — a saber, a estratégia de transformação". Sua referência ao Estado como instrumento por excelência de solução das questões sociais mais imediatas é bem clara:

> Os Estados podem ainda aumentar ou diminuir o sofrimento das pessoas, graças à alocação* de recursos, graças a sua capacidade de proteger seus direitos e de intervir nas relações sociais entre diferentes grupos. Entender que ninguém precisa mais preocupar-se com seu Estado de origem seria a mais pura loucura, e eu, quanto a mim, permaneço céptico diante da idéia de que as pessoas são conclamadas, de agora em diante, a se desinteressar completamente de uma ativa implicação na vida pública de seu Estado (Wallerstein, 1999:19).

A preocupação maior de Wallerstein não era, certamente, a geografia política, mas a elaboração de uma teoria das forças mais importantes que impulsionam as transformações econômicas e sociais. Neste sentido, em seu modelo teórico explicativo dos agentes e das direções das mudanças em curso no capitalismo mundial, se o poder do Estado permanece para coisas importantes no curto prazo do cotidiano da sociedade, no longo prazo, ou seja, como motor da história, sua importância está diminuindo. Daí sua afirmação de que

> se nosso interesse é dar mais peso ao processo atualmente em curso da transição do sistema-mundo, para nos orientar em uma direção que nos convém mais que outra, o Estado não é verdadeiramente um quadro de ação de primeira importância. Na realidade ele constitui basicamente um freio maior (Wallerstein, 1999).

Porém, nestas proposições do autor, é preciso aqui chamar atenção para o seu papel de intelectual orgânico de uma transição histórica, cuja direção ainda não está clara. Para ele, "lançar as bases da criação de um novo sistema histórico esforçando-se em agir ao mesmo tempo no nível muito local e no nível muito global é seguramente uma tarefa bem difícil, mas não impossível" (Wallerstein, 1999:23). Como ele mesmo ressalva em passagem anterior a esta, "é preciso seguir de olhos bem abertos e manter um grau razoável de esperança e de confiança, mas, bem entendido, sem certeza alguma", ou seja, nada justifica na atualidade a exclusão de qualquer escala de ocorrência do fenômeno político.

Acredito ter argumentado, com a ajuda do próprio Wallerstein, que a escolha de apenas uma escala explicativa para a geografia política resultará numa visão incompleta, uma vez que, de acordo com Cox (1998), a política produz, ela mesma, escalas territoriais que devem ser analisadas enquanto tais. Na realidade, os fenômenos políticos não se confinam a uma ou outra escala, mas ao contrário podem ser, além de globais, também, nacionais, regionais ou locais. Cada uma dessas escalas define recortes significativos para análise em geografia política. Na complexidade do mundo atual, a geografia política não pode ignorar que "a escala é a medida que confere visibilidade aos fenômenos, sendo uma estratégia de apreensão da realidade, na impossibilidade de apreendê-la *in totum*". Deve ser acrescentado ainda que "a escala é também uma medida, mas não necessariamente do fenômeno, mas aquela escolhida para melhor observá-lo, dimensioná-lo e mensurá-lo" (Castro, 1995). Esta opção de dar visibilidade e consistência explicativa a múltiplas escalas dos fenômenos políticos no espaço reflete o momento epistemológico atual na disciplina, marcado pela superação do que Giddens chama de consenso ortodoxo, dominado por modelos explicativos abrangentes, e a possibilidade de recorrer a outros marcos teóricos mais adequados à complexidade daqueles fenômenos. O debate atual na disciplina, já exposto na Introdução, aponta as muitas possibilidades temáticas e escalares nos estudos das formas de organização do espaço e os conflitos de interesses na sociedade que elas expressam.

Delimitando o campo

A noção de escala ajuda mas não resolve o problema da delimitação do campo da disciplina. É necessário delimitá-lo melhor e diferenciá-lo das outras divisões acadêmicas da geografia. Como o espaço é uma dimensão inerente à vida social, uma geografia da política deve oferecer um ponto de vista particular, capaz de revelar dimensões não consideradas por outros ramos da disciplina. Identificar como o fenômeno político cria uma dimensão própria no espaço tem sido uma questão para os geógrafos preocupados com espacialidade dos processos e fenômenos políticos. Em sua tentativa de explorar o que ele denominou espaço do político, isto é, do fenômeno político, Jacques Lévy (1994) declara que reencontrou duas realidades que a geografia clássica havia deixado particularmente *impensadas*: o Estado e indivíduo. Para ele, a necessidade de pensar o Estado surgiu diante de problemas colocados pela escala global. Neste sentido, o Estado nacional permanece ainda um espaço da política por excelência e uma instituição importante para a identificação, análise e explicação de fenômenos no recorte territorial definido por suas fronteiras e um componente da própria globalização, além de interlocutor necessário nas relações internacionais. É a institucionalidade da política que nele se legitima que explica a sua durabilidade.

Mas a multiplicidade das escalas de visibilidade da política obriga a enfrentar dois problemas. Um é o da abrangência do campo da geografia política, questão sempre presente no debate entre aqueles que se propõem a produzir conhecimento sobre as relações entre a política e o espaço, como já foi visto na Introdução. Esta abrangência compõe uma agenda muito ampla de temas de interesse. O outro é, a partir dessa abrangência, qualificar o espaço político diferenciando-o de outros espaços, objetos de investigação na geografia.

As teses de Wallerstein, apesar das críticas ao seu conteúdo extremamente economicista (Smith, 1996), foram importantes por delinear a agenda temática da geografia política das últimas décadas; retomá-las aqui tem um triplo sentido, se optarmos pelo compromisso de tentar compreender o presente: primeiro, ressaltar que a escala do mundo é uma das dimensões necessárias à geografia política por configurar uma geopolítica, agora despida dos seus uniformes nazistas, mas ainda importante para apontar as relações dissimétricas entre as nações-Estados e suas conseqüências sociais; segundo, indicar que, apesar da sua importância, a escala global não pode ser excludente em relação às outras, ou seja, ela não as explica, e apontar que a escala do local, recentemente retomada, é necessária para a compreensão do território como arena de interesses de diferentes tipos de atores sociais; terceiro, indicar que, na geografia política, o abandono da escala dos Estados-nações é paradoxal, uma vez que estes são *partners* do processo de globalização e que eles constituem ainda a garantia dos instrumentos políticos que as sociedades civis dispõem, nas escalas local e regional, para controlar os conflitos imanentes à natureza individualista e apropriadora do capitalismo ocidental e para intervir no seu território.

É na oposição e complementaridade dos interesses nessas escalas que a agenda temática de uma geografia política do novo milênio deve ser formulada, pelo menos para suas primeiras décadas, pois o que vem depois está muito mais na certeza dos futurólogos do que numa pretensa convergência dos cenários delineados pelas melhores mentes das ciências sociais atuais em todo o mundo. Neste sentido, tanto a amplitude como a imprecisão da agenda temática da disciplina não chegam a ser um defeito, mas, pelo contrário, constituem um trunfo e demonstram a sensibilidade da geografia para a complexidade do processo dinâmico das mudanças no mundo contemporâneo, que impõem novos problemas e novas questões sobre o espaço. No caso particular das questões políticas, ao serem incorporadas pela geografia, elas se enriquecem quando tratadas a partir da *lógica e da coerência do arranjo espacial das coisas* (Gomes, 1997) e enriquecem a disciplina pelos novos desafios para a compreensão dos fenômenos que contribuem para esse arranjo. Mas como esse arranjo supõe a necessidade de recortes de coerência, a delimitação de um campo temático da geografia política estaria nas questões decorrentes dos componentes geográficos das estratégias dos atores políticos e dos resultados de suas ações. O espaço é então, mais que uma dimensão do fato político, uma mediação — continente* — e um resultado — conteúdo*.

Aqui é preciso uma escolha sobre o que se fala quando se fala em política. O termo comporta dois sentidos, um restrito e outro amplo, como já foi visto, havendo o risco evidente de tomá-lo em um ou outro desses sentidos. A partir da definição estrita da política como a estratégia de negociação nos conflitos de interesses e a institucionalização dessa estratégia nos princípios gerais que guiam a elaboração das leis da administração e os atos das instituições políticas, entre elas aquelas vinculadas ao governo de uma sociedade, fica evidente a abrangência que necessariamente distingue as ações políticas de outras que se passam no cotidiano da sociedade. É preciso aqui ressaltar que esta institucionalidade da política incorpora o poder instituinte das relações sociais que estão na base da elaboração das leis. Este poder instituinte, por sua vez, é um conteúdo do continente institucional da política, e é dentro desses marcos que consideramos que eles fazem parte do campo e da agenda da geografia política. Esta é uma distinção necessária para identificar de que modo a política tem conseqüências para o espaço e pode tornar-se um objeto da geografia política.

Retomo o que já foi dito sobre a necessidade de a geografia política incorporar os fenômenos políticos, identificando os modos como eles se territorializam e recortam espaços significativos das relações sociais, dos seus interesses, solidariedades, conflitos, controle, dominação e poder.

A agenda temática da disciplina é necessariamente ampla, porém representativa de um momento histórico em que problemas relativos à construção de uma ordem política supranacional convivem com as reformas adaptativas dos aparatos estatais e das ações organizadas das sociedades locais sobre os temas que afetam diretamente seus conflitos e suas condições de existência e de cidadania.

O espaço político

Partindo da institucionalidade da política e das escalas por ela privilegiadas, proponho uma segunda aproximação do espaço político, procurando identificar suas características e seus atributos. Recorro novamente a Lévy (1991) com a afirmação de que, para existir, a política impõe um território fechado e estável, delimitado por unidades políticas superpostas e encaixadas. No entanto, o espaço não se reduz a esta territorialidade da política, e os atores sociais, mesmo atuando como cidadãos, inventam espacialidades singulares, podendo pertencer a espaços diferentes. Para aquele autor, as relações práticas e mentais aos lugares e às áreas não se deixam facilmente fechar nos limites do político, por mais democrático que seja. Nossos espaços transbordam ou se incham, eles opõem a fluidez à nitidez, o efêmero ao permanente, a rede ao território. É esta tensão entre os tempos dos fenômenos que nos parece significativa na identificação do espaço político em oposição ao que não é.

É possível então avançar que, como objeto da geografia política ou de uma geografia do político, se ainda é possível este enunciado, deve ser considerado o *espaço político*, com todas as dificuldades inerentes às definições de cada uma das duas categorias — política e espaço — e inerentes também à tarefa de pensá-las de forma associada. Aqui a ressalva de Jacques Lévy (1991) sobre a necessidade de precisão do político é importante, ou seja, "nem simplesmente institucional como na política, nem diluída em uma 'sociabilidade' que abrange tudo, nem presa na armadilha de um 'poder' imanente". Esta ressalva vai ao encontro do que afirmei sobre a relação necessária do instituído com o instituinte como balizamento para a identificação do espaço político. Na realidade, as relações das sociedades com o espaço e com a política supõem problemáticas claras, o que possibilita enfrentar o dilema da precisão frente a uma agenda que de outro modo seria tão ampla quanto fossem as possibilidades de tratar a dimensão espacial dos fatos políticos.

A ressalva de Lévy, indicada acima, remete à dicotomia das duas matrizes intelectuais mais importantes da geografia, ou seja, a oposição entre a vertente positivista, em que a política é apenas institucional, e a vertente materialista, para a qual só existe economia política. Felizmente, esta oposição vem sendo progressivamente superada na reflexão geográfica que necessariamente incorpora a dupla dimensão da política: a dimensão institucional, expressa na própria questão do porquê da existência do governo que se coloca a ciência política, e a dimensão do conflito de interesses como fundamento da sociedade civil, inscrita na sua própria natureza.

A partir da discussão feita até aqui, é possível avançar um conceito de espaço político que contribua para delimitar o campo da geografia política e que seja ao mesmo tempo operacional para as suas pesquisas. A primeira proposição, ainda geral, é que espaço político é aquele circunscrito pelas ações das instituições políticas e pelas forças instituintes, que lhe conferem um limite, dentro do qual há efeitos identificáveis e mensuráveis. As instituições políticas, por sua vez, são aquelas cujas decisões e ações, apoiadas por normas, leis e regulamentos, afetam amplamente diferentes instâncias da vida social, e as forças instituintes são aquelas exercidas por atores sociais que se organizam para institucionalizar suas demandas nos limites de um território legitimamente definido para estas decisões e ações. Podendo estes limites se estender da escala local à global.

Neste sentido, é possível indicar que o espaço político tem algumas características distintivas, como: é delimitado pelas regras e estratégias da política, é um espaço dos interesses e dos conflitos, da lei, do controle e da coerção legítima. Em outras palavras, uma abordagem do espaço a partir da política define um recorte onde interesses se organizam, onde as ações possuem efeitos necessariamente abrangentes em relação à sociedade e ao seu espaço e onde existe a possibilidade do recurso à coerção, pela lei ou pela força legítima. Como as noções de política e de instituição são pouco trabalhadas na geografia, no próximo capítulo aprofundarei a discussão da política e de suas instituições que permite distinguir o campo da geografia política de outros da geografia. Da mesma forma, os conteúdos dos próximos capítulos contribuirão para delinear os processos que distinguem os espaços políticos do que poderíamos identificar como espaços sociais e econômicos.

Capítulo 3

O poder e o poder político como problemas

Relações de poder supõem assimetrias na posse de meios e nas estratégias para o seu exercício, e o território é tanto um meio como uma condição de possibilidade de algumas destas estratégias. Neste sentido, o objetivo deste capítulo é apresentar alguns conceitos que orientem o percurso da análise de temas clássicos da geografia política como a ordem estatal contemporânea e os seus efeitos sobre os territórios que ela engloba. A partir de uma perspectiva do poder e do poder político não limitados a um modelo teórico unívoco, ou seja, aquele que se aplica a sujeitos diversos de maneira absolutamente idêntica e que só comporta uma forma de interpretação, acredito ser possível retomar e polemizar, em bases atuais, alguns temas abandonados pela geografia política brasileira. Este abandono se deu, justamente, porque temas como as dimensões territoriais das formas políticas institucionalizadas não se enquadravam nos modelos teóricos utilizados pela disciplina.

Inicialmente será feita uma discussão, bastante sintética mas necessária, do que seria uma definição mínima de poder para compreender as condições que presidem a sua territorialidade. Como desdobramento destas condições, será tratada a centralidade territorial do poder como fundamento da institucionalização da coerção legítima no Estado moderno. Serão abordadas também a importância do territorialismo (ou dimensão territorial da ordem estatal) e a organização territorial da administração pública e suas implicações para a análise geográfica.

O poder como problema

Nas últimas décadas, o poder que emerge dos interesses e conflitos no território tornou-se uma noção* central em geografia política e tem ajudado a compreender melhor os processos que presidem a organização do espaço. No entanto, esta noção — objeto de conhecimento — possui indeterminações, tensões internas e muitas contradições que, ao contrário de enfraquecê-la, fundam sua riqueza de significações e a possibilidade de interpretar a realidade. Mas, atenção, aceitar que se trata de uma palavra polissêmica, ou seja, que comporta diferentes significações, não significa aceitar que o poder está em tudo, por toda parte, em todas as relações. Se assim fosse, ele na realidade não estaria em lugar nenhum, porque seria a própria relação e não algo capaz de qualificar algumas relações e não outras. Como não é possível apreender e explicitar todas as nuanças da idéia de poder através de um conceito suficientemente abrangente, tomo como ponto de partida algumas definições da noção de poder em autores considerados referências obrigatórias que ajudam a compreender a sua essência: (a) Em Hobbes (1979:53), "O poder de um homem (universalmente considerado) consiste nos meios de que presentemente dispõe para obter qualquer visível bem futuro". (b) Para Weber (1982:43), "Poder significa a probabilidade de impor a própria vontade dentro de uma relação social, mesmo contra a resistência e qualquer que seja o fundamento desta probabilidade (...)". (c) Bertrand Russel (1979:24) diz que "o poder pode ser definido como a produção de resultados pretendidos". (d) Para Lasswell (1979:112), "O poder é, especificamente, um valor de deferência: ter poder é ser levado em conta nos atos (políticas) dos outros". (e) Já para Bachrach (1970:22), "Existe poder quando há conflitos de interesses ou valores entre duas ou mais pessoas ou grupos. Tal divergência é condição necessária, porém insuficiente, do poder. Uma relação de poder se diferencia da influência pela possibilidade de uma das partes invocar sanções".

Muitas outras definições de muitos outros autores poderiam ser listadas. Como se vê, a idéia e a discussão intelectual de poder não são simples. Uma crítica importante refere-se à acepção de poder como substantivo, ou seja, alguma coisa que se possui. O poder é, na realidade, relacional, não deve ser confundido com influência e incorpora a capacidade de estabelecer *sanções*.

Das proposições expostas aqui, é possível extrair que o poder é considerado como a manifestação de uma possibilidade de dispor de um *instrumento* para se chegar a um fim (a vantagem ou o efeito desejado), mas a possibilidade de chegar a este fim supõe a existência de uma relação necessariamente assimétrica, ou seja, a possibilidade de que uma das partes disponha de mais meios ou de maior capacidade de obter o *efeito desejado* através da prerrogativa de aplicar algum tipo de sanção.

Neste sentido, a idéia de poder tem intrinsecamente um componente de relação e de assimetria, ou seja, o poder se manifesta em situações relacionais *assimétricas*. Michel Foucault (1977:88-92) faz algumas proposições importantes sobre esta condição do poder:

1. que o poder não é algo que se adquira, arrebate ou compartilhe, algo que se guarde ou se deixe escapar; o poder se exerce a partir de inúmeros pontos em meio a relações desiguais e imóveis;

2. que as relações de poder não se encontram em posição de exterioridade a outras relações — como econômicas ou de conhecimento —, são efeitos imediatos das partilhas, desigualdade e desequilíbrios que se produzem nas relações entre desiguais;

3. que o poder vem de baixo; isto é, não há no princípio das relações de poder uma oposição binária e global entre os dominadores e os dominados. Deve-se, ao contrário, supor que as correlações de força múltiplas se formam e atuam nos aparelhos de produção, nas famílias, nos grupos sociais e nas instituições;

4. que as relações de poder são, ao mesmo tempo, intencionais e não subjetivas. São atravessadas de fora a

fora por um cálculo: não há poder que se exerça sem uma série de miras e objetivos. Estes não são individuais, mas estão na base da rede de poderes que funciona em uma sociedade;

5. que lá onde há poder, há resistência; as correlações de poder só podem existir em função de uma multiplicidade de pontos de resistência que representam, nas relações de poder, o papel de adversário, de alvo, de apoio. Estes pontos estão presentes em toda a rede de poder. As resistências são o outro termo das relações de poder, inscrevem-se nestas relações como um interlocutor irredutível.

Um conceito de *poder* engloba, portanto, sempre a esfera da ação, ele designa uma capacidade de agir, direta ou indiretamente, sobre as coisas ou sobre as pessoas, sobre os objetos ou sobre as vontades (Guichet, 1996). Mas o poder está também circunscrito ao campo das vontades e inclui-se no universo dos valores sociais, que definem uma vontade comum, ou seja, tudo aquilo que é socialmente aceito e valorizado. Não é possível, portanto, pensar em poder fora dos marcos estabelecidos pelos contextos temporais e espaciais das sociedades.

A questão da *vontade comum* deve ser ressaltada por representar o fundamento inescapável de todo exercício de poder, qualquer que ele seja, e por isso mesmo é nela que reside a *impotência do poder*. Esta noção de *impotência*, sem a qual o próprio conceito perderia o sentido, é necessária porque impõe a questão do estabelecimento dos limites ao exercício do poder em relações sociais assimétricas.

Duas argumentações podem ser aqui explicitadas. A primeira remete às proposições contidas no texto de La Boètie *O discurso da servidão voluntária* (1982), e sua discussão sobre a cadeia de interesses individuais e estratégias de sobrevivência que a submissão à tirania muitas vezes esconde. A segunda remete à noção de *escolha trágica,* ou seja, a possibilidade que a parte mais fraca de uma relação sempre tem de escolher a morte como último recurso para escapar à submissão, quando se trata do indivíduo, ou a revolução, quando se trata de uma sociedade. Um exemplo extremo do problema é o do escravo que, não obedecendo ao senhor, escolhe a morte, uma vez que este tem poder de vida e de morte sobre ele. Neste caso, o poder do senhor é totalmente impotente, pois mesmo que eventualmente ele mate o escravo, é posta em ação uma sanção que não garante o exercício ou uma resolução do seu poder sobre ele, pois não houve a obtenção dos *efeitos desejados*, mas ao contrário, a confissão definitiva da impotência do poder diante da vontade do outro.

Neste sentido, sendo a morte sempre a possibilidade negativa de afirmação da liberdade pela recusa absoluta de se submeter à vontade do outro, todo poder é condenado a fundamentar-se em um querer comum. Isto exige o querer de cada um, mas não assegura em nada a legitimidade do poder, qualquer que ele seja, uma vez que o querer pode não ser realmente livre. O caso do escravo é ainda ilustrativo, pois, uma vez que ele deseja viver, sua obediência é simplesmente a alternativa para manter a vida, motivado no fundo por um simples "querer esperar".

Mas é preciso ainda distinguir o *poder de*, que define a capacidade de fazer, do *poder sobre*, que se encontra não mais no campo das coisas, mas das vontades. Neste sentido, o *poder de* põe em ação uma força que é a condição de possibilidade concreta e está sempre em relação com outra coisa que é frágil, dependente e variável. Este é o caso, por exemplo, das ações sobre a natureza; o *poder sobre* é a força de propagação de uma vontade às outras vontades, graças à mediação de uma vontade comum e à possibilidade de aplicar sanções socialmente aceitas, ou seja, sob o fundo dessa vontade comum, o poder pode dispor das outras vontades, em limites variáveis. E, com seu poder de agir, orientá-las e informá-las, segundo os modos e os fins de uma ação em comum que pode ser passageira ou constituir o quadro permanente da existência coletiva.

Três formas elementares de poder

Aceitando que o poder é uma forma de impor uma vontade à parte mais fraca de uma relação, mediante a possibilidade de aplicar sanções que são aceitas como estratégia de *espera* por esta parte mais fraca, foram aqui selecionadas as três formas elementares, ou seja, aquelas que se encontram na essência do poder. Estas surgem nas suas muitas manifestações e podem ser diferenciadas pelas sanções ou instrumentos mobilizados para exercê-lo, e são as mais comuns na literatura sobre o tema. Esta seleção, porém, está longe de ser exaustiva ou consensual e tem como objetivo, nos limites deste trabalho, tentar compreender o poder como um problema político e como uma possibilidade de fundar um espaço político. As formas que serão aqui apresentadas ressaltam também as diferenças em relação às motivações e aos beneficiários da ação e foram sintetizadas a partir da discussão de Guichet (1996), fundamentadas nas elaborações de Hannah Arendt, Max Weber, Michel Foucault, entre outros.

A primeira forma ou tipo de poder é aquele denominado *despótico*. Nesta forma, o motivo primeiro do acordo tácito em relação ao poder pode ser simplesmente o medo, e o instrumento do poder será então a coerção pela força, a ameaça de destruição do outro, ou seja, a violência. Esta é a potência desse poder. É a ação de uma força que contraria a vontade do outro. Este é um poder que, paradoxalmente, tem pouco poder porque não se fundamenta na vontade do outro e por isso encontra-se sujeito à possibilidade de uma escolha trágica, que o anula. É um poder que visa ao bem privado de quem o exerce. Está voltado sobre si mesmo e sobre a "força da força".

Estas características estão presentes na modalidade de poder que Weber chama de dominação. Para ele, este é um caso especial de poder que no seu sentido mais amplo envolve a vontade de uma parte, que se exerce mesmo contrariando a vontade do outro. A característica geral da dominação envolve portanto sempre algum grau de imposição e de constrangimento. Esta forma de imposição de uma vontade sobre outra não tem capacidade política verdadeira e não pode abrir um espaço público, lugar de existência de uma vontade comum, consistente e positiva, mobilizada por interesses comuns.

Ao contrário do poder despótico e da sua variante weberiana da dominação, que são exercidos de modo direto e se fundamentam na submissão da vontade do outro, a segunda forma de poder é aquela fundada na *autoridade*. Este é um poder exercido como uma concessão, o que o torna uma forma legitimada pela aceitação e pelo reconhecimento daqueles que a ele se submetem. É nesse reconhecimento e concordância dos que se submetem que ele se justifica e funda a sua legitimidade.

Para Weber (Tragtenberg, 1980:XXII), a autoridade é a capacidade de se fazer obedecer através da mediação da lei, da tradição ou do carisma. Repousa no consentimento, na adesão das vontades pelo reconhecimento de uma superioridade de ordem moral, intelectual, de competência, de coragem, da experiência, ou seja, de valores ou de funções que aquele que detém a autoridade representa. A desobediência supõe também sanções, mas socialmente definidas e aceitas. O poder da autoridade tem mais força do que o poder da dominação, pois a autoridade repousa sobre o consentimento social como fonte de estima e legitimidade. Sua característica essencial, ao contrário da dominação, é que ela visa ao bem daquele sobre o qual ela se exerce (esta é a determinação ideal da autoridade, de seu princípio e não daquilo que se pode fazer, na prática, em seu nome). Ainda, ao contrário da dominação que só se exerce pela força por contrariar a vontade do outro, a autoridade é concedida porque reivindicada para assegurar alguma forma de interesse individual ou coletivo.

A terceira forma é a do *poder político*, que compreende, em sentido amplo, tanto a possibilidade de coerção, típica do poder despótico, quanto a autoridade, de fundamento legal. Ambos constituem os dois pólos opostos e extremos contidos nesta modalidade. Ambos colocam em jogo uma capacidade oriunda da interpretação de uma vontade dirigente, de um querer comum sem o recurso fundamental e exclusivo da coerção ou da transcendência da autoridade. Mas podendo fazer uso de ambos para alcançar o bem comum, que é a justificativa última da sua existência e aceitação. Esta é a instância que tem capacidade de abrir e de construir um verdadeiro espaço público, um lugar de deliberação mais ou menos grande e transparente; ele se exerce sem a justificação de uma superioridade essencial, mas pelo consentimento coletivo mínimo (sem o qual ele tende a se dissolver) e visa a um certo bem comum e não ao único bem privado daquele que o exerce.

As três formas se diferenciam num modelo ideal: no poder despótico, pelo bem privado daquele que o exerce; na autoridade, pelo bem daquele que é o objeto da ação; no poder político, pelo bem comum. Justamente por ser um modelo ideal, seria artificial fechar o conceito em cada uma destas três formas, que não são puras, ou seja, a realidade é mais complexa e possui nuanças, e estas distinções servem sobretudo para situar e destacar o essencial do poder político que, sem se privar do recurso possível à coerção ou à autoridade, não pode ser reduzido a um ou a outro sob risco de extrema simplificação.

O poder político, que interessa mais diretamente à geografia política, se realiza no consentimento, e para Agnes Heller (1999), é uma forma de *poder moral*, que para ela é uma causa comum, mas é também uma instituição de autoridade, como a família. Neste sentido, para a autora, todos os poderes legitimados são poderes morais. Para Hegel, os três maiores *poderes morais* eram a família, a sociedade civil e o Estado (nação). Mas este mesmo poder político se materializa no espaço político, que para Arendt se constitui na *pólis*, no lugar do encontro, dos conflitos, dos acordos e das normas.

Mesmo sem considerar a diferenciação acima, John Agnew (1999) vai mais longe e afirma que o poder é sempre espacial, porque exercido nas relações sociais territorializadas. Porém, ele chama a atenção para o fato de o poder não ser contínuo nem uniforme sobre o espaço, nem obedecer a um modelo binário do tipo tem / não tem ou centro de difusão (mando) / lugar de obediência. Para ele, é precisamente a espacialidade que faz a diferença nos efeitos que o poder pode ter. Neste sentido, as escalas jogam um papel importante e não é possível utilizar a categoria poder na geografia sem considerar como as relações mudam quando as escalas mudam. Da mesma forma, para John Allen (2003), as formas de poder são necessariamente relativizadas pelas distâncias, como, por exemplo, no caso das dificuldades da dominação para se sustentar no tempo através de longas distâncias. Neste caso, é o recurso à legitimidade que garante o controle sobre territórios amplos.

Portanto, há aqui uma polêmica importante na geografia, pois para muitos autores as relações de dominação se fazem entre espaços que mandam e espaços que obedecem. Esta é, na realidade, uma perspectiva que vê o espaço como um sujeito, como um ator, enquanto para Agnew e para outros geógrafos, cujas argumentações se apóiam nas teorias políticas, são atores territorializados que têm interesses e moldam as relações de poder entre espaços diferenciados. Além disso, categorias espaciais como distância, extensão, fluxos, circulação, deslocamentos, escalas etc. estabelecem condições que impossibilitam a análise das formas territorializadas de poder a partir de um modelo teórico abrangente que elabore a explicação a partir de uma escala apenas, seja esta global, nacional ou local, ou de uma categoria analítica apenas, seja ela econômica, cultural, política ou ambiental. Neste sentido, uma perspectiva geográfica do espaço político que seja operacional para análise supõe uma dificuldade a mais, pois deve considerar todas essas dimensões.

O modelo Estado moderno territorial

O Papa João Paulo II, que faleceu em 2005, entendeu, como nenhum outro, as possibilidades da comunicação na era da globalização. Aprendeu diversos idiomas e usou o gesto simbólico de beijar o chão de cada país visitado para mostrar que considerava preciosa a terra de cada povo. Dois poderosos valores simbólicos das nações, a língua e o solo, eram utilizados por ele para difundir a fé e reforçar as bases institucionais da Igreja Católica.

Língua e solo, como valores identitários das sociedades, foram assimilados pelos aparatos institucionais do Estado-nação e tornaram-se patrimônio comum da nacionalidade. Ambos são parte do cimento simbólico da solidariedade nacional e ajudam a legitimar socialmente o *poder moral* e o *querer comum* como o fundamento do poder político e o domínio do Estado, como instituição, sobre o território. Ao se identificar com o idioma e com o solo, as sociedades nacionais estabelecem as condições para a existência duradoura da *pólis*, como apontou Arendt, reforçam a importância do enraizamento e do valor social e político do solo, como indicou Ratzel, e alimentam as *iconografias* de Gottmann e seu poder de resistência à *circulação*.

Neste sentido, a estrutura de poder político-territorial do Estado, ao contrário do seu papel de portador do novo no começo da modernidade européia, de definidor dos rumos da história do século XIX e início do XX, tornou-se um refúgio de valores simbólicos e de interesses que resistem à circulação imposta pela globalização. É nesta perspectiva que a posição de Wallerstein sobre o papel que os Estados ainda desempenham para o cotidiano de seus habitantes e a de Giddens, que o considera uma das dimensões que compõem o sistema da globalização, reforçam a necessidade de compreendê-lo.

Essas são algumas das razões objetivas para retomar o tema Estado como ainda necessário à geografia política contemporânea. Na realidade o Estado e os desdobramentos do seu aparato institucional e o papel destes no ordenamento territorial e social foram obscurecidos na geografia pela perspectiva reducionista do determinismo estrutural comandado pelas relações capitalistas de produção. Nesta perspectiva, a disciplina não considerou o amplo debate e as muitas divergências na interpretação dos textos de Marx sobre as forças políticas e as forças sociais como fenômenos históricos que se encontram em conflito no que ele chamou de *Estado político*. Este é uma forma de vida histórica da sociedade e, precisamente, uma forma que oculta o caráter conflitivo interno sob a forma exterior solidária de um pretendido interesse público (Adler, 1982). É na compreensão e visibilidade desse caráter conflitivo, que se encontra na esfera dos interesses, que para Marx a ruptura da máquina estatal se faria no curso de uma luta histórica com recurso em maior ou menor grau à violência. Mas para dar visibilidade a esse caráter conflitivo, é preciso compreender quais são esses interesses e como eles se organizam politicamente. À geografia cabe, por sua vez, mostrar como o espaço é uma dimensão inescapável dos interesses e dos conflitos e como o território é a arena fundadora da política e das condições necessárias à existência e durabilidade da *pólis*.

É com vistas a contribuir para a compreensão do caráter desses conflitos e dos modos como eles aderem ao espaço que buscamos as múltiplas possibilidades analíticas abertas por algumas das matrizes conceituais da ciência política e as bases explicativas que estas oferecem para dar visibilidade aos atores políticos e sua inserção territorial. A posição de Giddens (2003) sobre as deficiências e os limites explicativos do que ele chama de consenso ortodoxo permite perceber melhor as limitações que têm algumas abordagens da geografia, especialmente aquelas que optaram por modelos explicativos abrangentes únicos, para entender as profundas implicações do fato político com o território. Para ele, na atualidade, as escolas de pensamento que enfatizam o caráter ativo e reflexivo da conduta humana e rejeitam a perspectiva que vê o comportamento individual como resultado de forças que os atores não controlam nem compreendem são mais adequadas para perceber a agência humana e as instituições sociais.

Esta perspectiva remete à possibilidade de ir além dos limites do tipo de paradigma marxista que foi adotado por algumas correntes da geografia que, embora tenham contribuído para enriquecer intelectualmente a disciplina e ampliar seu campo de abstração, submeteram-na a uma visão da natureza do materialismo histórico como rigidamente estrutural e economicista, levando-a a limitar-se muitas vezes às questões de classe, tornando o próprio espaço em muitos casos secundário (Gregory, 1996). Além disso, no reducionismo a que foi submetido aquele paradigma, as relações sociais em situações de co-presença das escalas locais são sempre vistas como determinadas por fatores mais amplos, estruturais, o que reduziu qualquer possibilidade explicativa de uma perspectiva propriamente geográfica da ação nessas escalas (Castro, 1995). Giddens chama atenção também para o problema das relações de tempo e espaço e para as propriedades estruturais dos sistemas sociais que, segundo ele, só existem na medida em que formas de conduta social são cronicamente reproduzidas através de tempo e espaço. Esta sensibilidade para a espacialidade do sistema social favoreceu a sua reflexão sobre as possibilidades explicativas das escalas diferenciadas e das localizações, ultrapassando os limites dos marcos estruturalistas ou individualistas das ciências sociais, o que torna essa reflexão bastante próxima e útil às questões contemporâneas que a geografia política deve formular e tentar responder.

Contexto histórico institucional

A época moderna, demarcada pelos historiadores entre o fim da Idade Média, tradicionalmente fixado em 1453 com a queda de Constantinopla, e a Revolução Francesa, em 1789, trouxe mudanças importantes em relação ao período medieval anterior. No campo do direito, este período marcou o fim do *direito divino,* que no mundo medieval definia as normas sobre as posições sociais com base na classe social de nascimento. Nesses marcos, os nobres tinham direito por nascimento aos privilégios da sua classe, enquanto os camponeses, artesãos e outras classes sociais, de indivíduos nascidos fora da aristocracia, tinham muito poucos direitos e muito mais deveres. Numa sociedade estruturada desta forma a mobilidade social era muito reduzida.

O direito divino foi, progressivamente, substituído pelo *direito natural*, ou seja, pela norma segundo a qual *todos os homens nascem iguais*. Esta perspectiva fundamentou o direito civil da igualdade perante a lei, do direito à vida e ao próprio corpo, o *habeas corpus*, que no direito feudal era decisão do senhor feudal, do rei ou do imperador. Também foi estabelecido o reconhecimento formal da propriedade individual e do direito de participação na formulação das leis, o que marcou o fim dos privilégios feudais, mesmo que inicialmente este direito fosse restrito a quem tivesse renda e não fosse analfabeto (condição que apenas a nobreza e a burguesia nascente possuíam).

Essa mudança definiu condições bem diferentes para as sociedades modernas em comparação com as feudais anteriores: uma enorme possibilidade de mobilidade social e de incertezas. Ao contrário do período anterior, com as mudanças legais e institucionais postas em curso pela modernidade, ninguém sabe ao nascer o que será quando crescer. No campo político, o nascimento do Estado moderno definiu o marco da centralidade territorial e institucional do poder político. Esta é certamente a instituição política mais importante da modernidade, responsável pela delimitação do território para o exercício do mando e da obediência, segundo normas e leis estabelecidas e reconhecidas como legítimas, sendo possível legalmente a coerção física em caso de desobediência.

O território do Estado moderno, de espaço da dominação, tornou-se progressivamente um espaço político por excelência, *locus* de uma *vontade comum*, de um *poder moral*, aceito contratualmente por todos a partir dos instrumentos de legitimação que ele dispunha. A institucionalidade política desse Estado diferencia-se de outros Estados na história pela *prerrogativa* da *soberania* da sociedade em definir as normas e as leis comuns para todos que vivem naquele território (espaço político) e as condições das sanções legítimas e igualmente aplicadas a todos que a elas desobedecerem. Esta instituição que a partir da Europa Ocidental e por sua influência espalhou-se pelo mundo moldou a história do século XVI até boa parte do século XX. A literatura sociológica e a da ciência política não ignoram o formalismo dessa perspectiva nem os conflitos e a violência inerente ao Estado como aparato de coerção, mas a indicação dos termos desse formalismo é necessária para compreender a sua essência como elaboração intelectual e como espaço concreto de ação.

Desde o seu nascimento, o Estado moderno apresenta três elementos que o diferenciam dos Estados do passado — nas cidades-Estados da Grécia antiga ou no Império Romano. Primeiro é a plena autonomia, a plena soberania do Estado, que formalmente não permite que sua autoridade dependa de nenhuma outra. Segundo é a distinção entre Estado (esfera pública) e a sociedade civil (esfera privada), que se inicia no século XVII, na Inglaterra principalmente, com a ascensão da burguesia; o Estado torna-se uma organização/instituição distinta da sociedade civil, embora seja expressão desta. Terceiro é o reconhecimento da propriedade privada separada do Estado, ao contrário do Estado medieval que era propriedade do senhor, ou seja, era um Estado patrimonial. O senhor era dono do território e de tudo que nele se encontrava, homens e bens (Claval, 1979; Gruppi, 1985).

O primeiro modelo de poder político territorialmente centralizado desse Estado foi o *absolutismo* europeu, no qual existia uma identificação entre o Estado e o monarca, e a isonomia — garantia de igualdade perante a lei — ainda não tinha sido instituída. A ampliação dos direitos legais foi progressiva e possibilitou a organização e a participação da sociedade neste processo. A Revolução Francesa, que inaugurou a "época contemporânea", inaugurou também o aprofundamento dessa participação, estabelecendo os marcos da expressão política de uma *vontade comum* e da solidariedade social estabelecida pelas regras do *contrato* com a sociedade civil que o legitimam nos limites do território.

O nacionalismo como legitimação simbólica

Esta solidariedade se fez, pela primeira vez na história, com o recurso à idéia de nação, tendo sido definidos os conteúdos do discurso sobre a responsabilidade comum, embasada no local de nascimento e no pertencimento a uma comunidade de destino. Ambos são fundadores de uma identidade territorial, cultural e política e são componentes essenciais do nacionalismo*. Porém, nesse processo histórico, a consolidação do Estado, como instituição inovadora, como uma forma de poder político territorialmente centralizado, só foi possível pela submissão e pelo controle do território. Este controle se fez pela imposição da lei, pelo comando centralizado da burocracia da administração pública e pela uniformização das instituições sociais: língua, moeda, pesos e medidas etc.

Nesse sentido, o nacionalismo, ideologia identitária, constituiu o fundamento do Estado-nação, que progressivamente se superpôs ao Estado moderno. Esta ideologia, elaborada com o auxílio da história e da geografia como disciplinas, tornou-se então um *recurso* simbólico necessário à consolidação do Estado como instituição política territorializada e legitimada pela sociedade. O recurso à identidade do passado histórico, à identidade cultural e à identidade lingüística é condição essencial do nacionalismo. Deve ser observado que a substância da nação, no sentido de comunidade de destino, resultou da estratégia política de apropriar-se do sentido identitário contido na idéia de povo e colá-lo à organização política comandada pelo Estado. O povo passou a ser o corpo da nação e, portanto, confundido com ela e submetido à centralidade territorial do poder político.

Uma questão que cada vez mais vem adquirindo visibilidade é a relação conflituosa entre os aparatos políticos dos Estados-nações e os povos que não se sentem parte do seu *contrato* original e lutam para estabelecer o seu próprio *contrato* ou maior autonomia. É o caso dos chechenos, dos curdos, do palestinos e dos naturais de Québec, no primeiro caso, e dos catalães e bascos, no segundo, além de outras minorias que não se sentem contempladas pelos pactos nacionais a que foram submetidas. Neste sentido, as lutas por separatismo e por autonomia, mais do que indicador de crise do Estado, podem ser vistas, ao contrário, como reconhecimento de que este ainda é um formato institucional funcional às questões relativas ao controle dos povos sobre o que eles consideram seu patrimônio cultural e territorial. Da mesma forma, a União Européia, às vésperas de votar a sua Constituição, busca definir os termos de um novo *contrato* que resulte num formato institucional que ponha em prática um conceito de soberania partilhada e garanta uma extensão territorial compatível com o papel que as nações européias querem continuar desempenhando num mundo dominado por uma potência hegemônica de grande extensão territorial, com projeções que apontam as potencialidades de Estados nacionais de grandes extensões, como a China, a Índia e o Brasil, além da Rússia.

Deve ser acrescentado que, sendo o Estado uma construção política e ideológica que se fez no tempo e no espaço, a centralidade territorial do seu poder decisório foi fundamental para a tarefa de tomar a si a obrigatoriedade de fornecer educação para todos, utilizando o aparato institucional à sua disposição para as exaltações simbólicas do nacionalismo. Disciplinas como a história e a geografia foram estratégicas nesta tarefa, como já foi visto. A história do Estado moderno e, posteriormente, a do Estado-nação podem ser contadas, como já indicado, pela submissão dos territórios e de suas elites ao poder político centralizado do Príncipe. Se esta centralidade territorial do poder foi a fórmula inovadora para instituir uma ordem política duradoura, como anteviu Maquiavel, a sua consolidação foi alcançada mediante a unificação de um *éthos** identitário de base territorial. Neste sentido, com a produção social da crença numa comunidade de destino, respaldada pelo direito histórico à posse de um território. Muitas guerras foram, e continuam sendo, travadas em nome na crença nesse direito. Além disso, mesmo na atualidade, nos Estados em que a submissão a um *éthos* nacional comum não foi completa há ameaças de rupturas, como é o caso do Canadá, da Bélgica, além das tentativas malsucedidas de instituir Estados nacionais na Europa Oriental pela união de povos diferentes, como a Iugoslávia e a Tchecoslováquia.

Do modelo abstrato à periferia do sistema

Porém, o Estado moderno, politicamente republicano e organizacionalmente impessoal, universalista e cívico, é, do ponto de vista do seu formalismo, um modelo abstrato do ideal iluminista de racionalidade, liberdade e igualdade. Este modelo, germinado no absolutismo do século XV e consolidado nas condições históricas do Ocidente capitalista — individualista e liberal —, difundiu-se pela periferia do sistema, levando consigo os ideais de progresso, de civilização e de desenvolvimento como percursos essenciais para alcançar aquilo que, no centro do sistema, era apresentado como os marcos civilizatórios mais próximos daquela utopia. No entanto, se como modelo abstrato o

Estado moderno pôde ser pensado a partir da formulação de um *contrato*, seja nos moldes propostos por Hobbes, Locke ou por Rousseau, seja na perspectiva de um *espírito absoluto* superior proposto por Hegel, a perspectiva da história e da geografia obriga a pensá-lo como instituição fortemente ancorada nos tempos e nos espaços sociais.

Neste sentido, a reprodução do modelo Estado moderno europeu para a periferia do sistema e o processo de incorporação do nacionalismo, fundamento simbólico para o Estado-nação, resultaram em situações muito diferentes que, mais do que negar, confirmam a territorialidade e a historicidade desta instituição. Na realidade, o pacto legitimador do Estado moderno se faz a partir da articulação de vetores externos — a soberania conferida por outros Estados, inaugurada no Tratado de Westfália — e de vetores internos — a soberania das normas centralizadas, garantida pela obediência civil. Não é possível, portanto, compreender essa instituição sem considerar esta dupla dimensão fundadora: o pacto externo legitimador da sua soberania e o "*contrato social*" interno, legitimador da centralidade territorial de obediência às suas normas. O Estado moderno tem, pois, evoluído, no tempo e no espaço, como resultado da interação dinâmica dessas forças, externas e internas. Esta tensão, aliás, foi claramente percebida por Gottmann ao elaborar os conceitos de *circulação* e de *iconografia* na década de 1950.

Na atualidade, as forças da *circulação* do novo paradigma tecnológico que impõe competitividade, velocidade e inovações que favorecem o capital financeiro e as grandes empresas são condições que afetam tanto a forma como as funções do Estado. Na escala mundial, estas condições resultam no processo de globalização com todas as conseqüências conhecidas: enfraquecimento das economias nacionais, redefinição das relações internacionais com a busca de novas solidariedades regionais, protecionismos, conflitos de interesses entre Estados centrais e periféricos. Na escala nacional, o aumento e a complexidade das demandas sociais confrontam-se cada vez mais com aparatos estatais que enfrentam grandes dificuldades para fazer frente a estas demandas. Em todo o mundo, os Estados, ricos ou pobres, devem confrontar-se com imposições externas e internas que exigem reformas e adequações para atender às novas exigências e aos compromissos assumidos em nome das solidariedades regionais e para satisfazer a pressões das suas sociedades civis sobre a variedade e qualidade dos seus serviços.

O Estado é na realidade uma instituição e como tal está inscrito nos tempos do território e da sociedade. É desta inscrição que resulta o processo de transformação a que ele se encontra freqüentemente submetido. Como a relação entre a forma institucional Estado e a forma instituinte sociedade civil é dialética, o Estado, por princípio, incorpora a dinâmica das mudanças, mesmo que nele elas sejam mais lentas do que aquelas que ocorrem na sociedade.

No século XX, a democracia e os movimentos sociais ampliaram o compromisso do Estado com seus cidadãos e estenderam o que era inicialmente apenas direito político.

Foi aberto um leque variado de atribuições do Estado *vis-à-vis* a sociedade, assegurando os direitos de proteção social como uma obrigação formal, que em muitos Estados consta na Constituição. Neste sentido, o crescimento das obrigações do Estado aumentou os custos da sua administração e estendeu o campo das disputas até o interior do seu aparato burocrático, visando à obtenção de alocações de políticas públicas favoráveis aos interesses organizados. É esta complexidade da natureza territorial e social do Estado-nação, a sua institucionalidade, a sua capacidade de ação sobre a organização do seu território e sobre o cotidiano dos seus habitantes, que a geografia deve revelar e explicar.

O processo no Brasil

Compreender este processo no Brasil requer considerar as transformações externas e internas que vêm afetando o formato e a ação estatal no país na atualidade. Como potência intermediária da periferia capitalista, o país sofre imposições externas do sistema financeiro internacional, das políticas protecionistas das potências centrais, das pressões para abertura de mercados e do atraso na corrida tecnológica pela competitividade na maior parte dos seus setores econômicos. A legitimidade externa é obtida pela submissão às novas regras do jogo impostas pelas agências de fomento e de regulação das trocas internacionais. A exigência de saldos comerciais e de controle do déficit público são algumas das adequações do aparato estatal a estas novas condições internacionais. No plano interno, as instituições do Estado brasileiro são arenas que expressam o conflito de interesses de uma sociedade cada vez mais complexa e desigual. Paralelamente, há que acrescentar as mudanças profundas das condições do território e os modos como estas afetam a sociedade. Três dessas condições são exemplares: a população, a urbanização e a base infra-estrutural.

Nas últimas décadas do século XX, entre 1970 e 2000, a população brasileira teve um crescimento absoluto de cerca de 76 milhões de habitantes, mas o crescimento urbano foi ainda mais espetacular. A população residente nas cidades teve um acréscimo de 85 milhões de habitantes, o que indica que a urbanização foi, no período, mais acelerada que o próprio crescimento da população. Os números são apenas referências para analisarmos as mudanças substantivas na sociedade brasileira, mais numerosa e mais urbanizada, além de mais interiorizada uma vez que a expansão urbana é uma realidade em todo o território do país. É importante registrar todo o conjunto de fatores que decorre do aumento da massa populacional, da distribuição pelo território que vem resultando na ocupação de áreas novas e na crescente opção pelas cidades. Estes fatores requalificam atores sociais tradicionais, fazem surgir novos e ampliam a agenda de interesses e de conflitos.

As mudanças não pararam aí e foram importantes na ampliação da base infra-estrutural que integrou e revalorizou o território. O projeto nacional desenvolvimentista do período autoritário dos governos militares deixou suas marcas. A ampliação da base infra-estrutural possibilitou a integração nacional, incorporando os espaços da Amazônia e do Centro-Oeste através da densificação da malha rodoviária, da difusão das redes de telecomunicações, da ampliação da matriz energética e sua extensão para regiões até então marginalizadas na distribuição de energia elétrica (Becker e Egler, 1994). O território brasileiro tornou-se mais receptivo e competitivo, tanto para o capital como para a população, o que propiciou a interiorização da expansão urbana e das atividades econômicas a ela associadas, além da expansão da fronteira agrícola, que nas últimas décadas vem sendo impulsionada pelos tratores do *agrobusiness* e não mais pelas patas dos bois, como ocorreu até o início da década de 1960.

Todas essas mudanças fizeram surgir novos atores sociais, deram maior visibilidade ao país, interna e externamente, e trouxeram conseqüências políticas importantes. A Constituição de 1988, com sua essência descentralizadora, participativa e democrática, representa o efeito mais visível e profundo do modo como a sociedade civil pode ser afetada por mudanças infra-estruturais e influencia o aparato institucional do Estado para obter respostas às suas demandas.

Territorialismo e a ordem estatal contemporânea

A superfície da Terra está dividida em Estados nacionais — grandes e pequenos — e a experiência da sua existência faz parte da vida cotidiana da população mundial. Por mais diferentes que sejam estas experiências, há múltiplas formas de manifestação do Estado, como: atravessar uma fronteira, confrontar-se com um policial, possuir um diploma, obter uma subvenção do governo, ocupar um posto de trabalho formal etc.

Até a década de 1970, os manuais de geografia política apresentavam a importância e as características e os significados dos elementos componentes dos territórios dos Estados, como, por exemplo, *as fronteiras* — retas, sinuosas —; *o tamanho* — grande, pequeno —; *a forma* — longa, compacta, insular, de arquipélago —; *a localização* — litorânea, interior, enclave. Mesmo se aparentemente esse parecia ser um rol desconexo de detalhes sem importância, estas características são resultado de disputas territoriais históricas. Estas disputas desempenharam papéis estratégicos nos conflitos com outros Estados, campo privilegiado da geopolítica, e em muitos casos ainda representam problemas importantes para o acesso às vias do comércio internacional ou à implantação de uma infra-estrutura eficiente para submeter e controlar todo o território.

Um país como a Rússia tem certamente custos bem mais elevados de gestão e controle do território do que um país como a Bélgica. Um país como o Chile, pequeno mas com uma longa fronteira, teria custos bastante elevados para protegê-la em caso de conflito com a sua vizinha Argentina, assim como tem custos altos para a construção e manutenção de eixos Norte—Sul. Muitos outros exemplos poderiam ser listados. No entanto, se esta discussão parece ultrapassada pelos avanços da tecnologia e pelas novas estratégias do processo de globalização, ela ainda é atual e decorre das duas dimensões que teve o processo de consolidação dos Estados nacionais: uma externa — de disputas territoriais com outros Estados, objeto central de uma geografia política que pode ser chamada de clássica —, e outra interna — de centralização do poder, controle social e estratégia territorial, um dos objetos da geografia política contemporânea.

Esta nova perspectiva, porém, só é possível se deixamos de lado o discurso anônimo* sobre o Estado, ou seja, o conjunto de teses, sem embasamento filosófico ou conceitual consistente, que pretende negar o Estado como instituição socialmente legitimada, e o economicismo de algumas correntes da geografia, especialmente das últimas décadas. Em ambos os casos houve uma confusão entre a lógica da natureza do Estado capitalista e o que seria uma submissão simplista da instituição política Estado à lógica da classe capitalista. Na realidade, a relação entre ordem política e ordem econômica é bem mais complexa, como destaca Arrighi (1996:14) quando afirma que:

> a expansão do poder capitalista nos últimos quinhentos anos esteve associada não apenas à competição interestatal

> pelo capital circulante (...), mas também à formação de estruturas políticas dotadas de capacidades organizacionais cada vez mais amplas e complexas para controlar o meio social e político em que se realizava a acumulação de capital em escala mundial.

Esta dualidade reflete as duas escalas de ação do Estado, mesmo no momento atual: ele é o *locus* primário do poder mundial e *garante*, ou seja, o responsável, abonador e fiador da ordem territorial. Desse modo, se as organizações empresarias produzem um *espaço de fluxos*, importante por desvendar a escala da circulação do capital e seus efeitos na ordem econômica contemporânea, os governos precisam lidar com os *espaços de lugares* e suas *iconografias,* nos quais a vida social está organizada — e com ela a base material da acumulação. Os modos como *os governos* lidam com estes espaços afetam os territórios, revelam conflitos de interesses e constituem uma escala necessária de investigação em geografia política.

Organização territorial do Estado moderno

O controle sobre o território e seus conteúdos — pessoas e bens — é uma questão fundadora para todas as sociedades com organizações sociais e políticas complexas. A existência de uma classe dirigente — nobreza, clã, sacerdotes, guerreiros etc. — destacada das tarefas de produção e com funções de administração só foi possível pela organização de um aparato extrativo, isto é, de uma organização capaz de extrair excedentes suficientes para manter uma classe não produtiva e de garantir, por meios simbólicos, a legitimidade da extração e, por meios materiais, o exercício da coerção. Esta, portanto, sempre foi uma questão central para todos os grandes impérios, desde a Antigüidade, e as soluções, embora com variações, tinham em comum um formato que assegurava nos territórios representantes fiéis ao poder central e investidos de autoridade para extrair renda e fazer cumprirem-se as leis. Na China Imperial, o controle do vasto território era tarefa de uma classe superior de intelectuais-funcionários a serviço do imperador, que se consolidou progressivamente e que, em troca da segurança dos direitos de propriedade dos súditos, forçava a cobrança das rendas em espécie ou em dinheiro (Moore Jr., 1967). No Império Romano, um sistema mais complexo e descentralizado de partilha territorial das divisões administrativas e de funções afiançava a presença da autoridade central nas localidades, mesmo as mais distantes, para a cobrança de impostos e execução das leis.

Também no Estado moderno, a centralidade territorial do poder político só foi possível pela submissão e controle do território; a diferença, porém, está no meio utilizado: a racionalização do direito apoiada em uma burocracia administrativa impessoal, baseada em regulamentos explícitos, e uma força militar profissional e permanente.

O papel da administração pública

Se a centralidade territorial do poder político foi o marco do nascimento do Estado moderno, o processo paralelo de construção de uma máquina administrativa eficiente e funcional possibilitou o seu sucesso. Composta por um corpo qualificado de funcionários, a estrutura administrativa desse Estado respaldou a criação de uma rede conectiva, única e unitária, que modelou a estrutura organizativa formal da vida associada, transformando-se em autêntico aparelho de gestão do poder sobre a sociedade e sobre o território. Este aparelho tornou-se operacional em processos cada vez mais próprios e definidos de acordo com objetivos concretos, como: a paz interna do país, a eliminação do conflito social, a normatização das relações de força através do exercício monopolístico do poder.

É este o caráter essencial desse novo Estado, incluindo o plano institucional e organizativo. Deve ser acrescentado que em sua fase inicial, caracterizada pela unidade territorial e pelo poder tendencialmente hegemônico na figura do Príncipe — metáfora de Maquiavel para referir-se ao poder absoluto —, contou também com a importante organização das forças sociais dominantes tradicionais, em dois planos afins: o da decisão e o da administração (Schiera, 1986:427). Porém a organização da sociedade civil e a ampliação da participação política deram continuidade aos processos de emancipação dos indivíduos e de racionalização da burocracia do Estado. Na atualidade, a administração pública é composta por um conjunto de órgãos encarregados especificamente de tarefas de interesse geral que a iniciativa privada não pode ou não considera vantajoso realizar: no primeiro caso por impossibilidade de meios, como a defesa nacional, e no segundo pela falta de perspectiva de lucro.

A administração é então constituída de um conjunto de organizações que participam da execução de múltiplas tarefas de interesse geral que cabem ao Estado. Neste sentido, a função administrativa é o prolongamento da função política que compreende a função legislativa e a função governamental. Entre estas funções está a de prover políticas públicas, ou seja, a prestação de bens e serviços às coletividades e aos seus territórios, como: manutenção da ordem, regulamentação do trabalho, assistência social, saúde, educação etc.

Da mesma forma que é possível falar em um *modelo* de Estado territorial moderno como ponto de partida analítico, é possível falar numa administração pública racional como modelo de análise. No entanto, para cada análise particular é importante compreender as formas assumidas pelas injunções sociais particulares, ou seja, tanto a organização do corpo político como a do seu aparato administrativo são moldadas no território submetido pelo Estado e condicionadas pelo processo histórico de cada sociedade, o que lhe imprime sua marca.

É justamente esta territorialidade e especificidade histórica que tornam a ação da administração pública importante para a geografia política. O âmbito dessa administração define *espaços políticos* com diferentes acepções: o "*espaço normado*", aquele definido por regras e normas baseadas em princípios jurídicos, com campo de ação delimitado pelo direito; o "*espaço funcional*" da burocracia e dos despachos administrativos; o "*espaço das sedes administrativas*" instaladas nos centros urbanos das capitais políticas; o "*espaço atendido*", provido ou desprovido quanto ao alcance da função administrativa e seu campo de ação ou área de influência. É assim que no território a atividade e a função, as sedes, a acessibilidade e provisão do serviço administrativo são elementos-chave na correlação espacial da geografia com a *administração* (Trigal e Del Pozo, 1999:212).

Cada um desses "espaços" pode tornar-se, portanto, um campo de investigação e de análise numa perspectiva da geografia política. A rede das instituições da burocracia pública, as decisões de localização das agências governamentais e as alocações de finanças públicas constituem vetores da organização dos territórios que são também afetados por esta organização. Além disso, as instâncias do poder político organizam-se nas suas escalas de ação, constituindo uma complexa rede de interações de interesses políticos que se materializa no território.

A forma de *representação parlamentar* nas democracias contemporâneas é exemplar da necessidade de considerar a base territorial dos conflitos de interesses que moldam as disputas políticas no interior das sociedades. Também os regionalismos, definidos como mobilização política de base territorial, frente ao poder central do Estado, no sentido de reivindicarem autonomia ou a afirmação de uma cultura ou de um particularismo regional, constituem a expressão de interesses políticos que se organizam em recortes territoriais específicos. Neste sentido, o componente espacial das engenharias políticas de todos os Estados contemporâneos evidencia que a política não se esgota na luta de classes ou nos grupos de interesses que se organizam para atrair para si as benesses do poder público (Ribeiro, 2002). É preciso considerá-los a partir de seus territórios. Estes, como base material, quadro de vida e arena de disputas para alocações de recursos, constituem uma instância inescapável da política.

Centralismo e federalismo

Como o Estado tem sido um objeto de reflexão e investigação da filosofia e da ciência política, o seu fundamento territorial nem sempre é considerado, sendo percebido quase sempre como um *continente* neutro ou, como afirmou Ratzel, pairando no ar. No entanto, se é retomada a história de formação e de consolidação dos Estados na Europa Ocidental, desde a Idade Média, percebe-se que todo este processo se fez através de guerras, de alianças, do domínio e do controle de forças políticas que representavam interesses dominantes em territórios particulares. A unificação alemã se fez sob a hegemonia da Prússia; a formação do Estado francês se fez com a vitória dos interesses do Norte — centralizados em Paris — sobre o Sul; a unificação espanhola se fez sob a hegemonia da aristocracia de Castela; a unificação italiana, sob a hegemonia de Roma;

nos Estados Unidos os interesses da classe produtora do Sul foram submetidos aos dos ianques do Norte etc.

Foi justamente no processo histórico do conflito entre os interesses de grupos em territórios específicos que residiu a elaboração de engenharias políticas adequadas, isto é, o conjunto de normas e organizações que caracterizam o sistema político e administrativo dos Estados. Estas engenharias possibilitaram acomodar conflitos e estabelecer alianças sem que o Estado perdesse a sua prerrogativa de centralidade política para todo o território. Neste sentido, as formas de organização política do território são importantes por revelar o processo histórico de formação dos interesses territorializados, bem como para acomodar as suas assimetrias.

Há dois modelos clássicos de organização: o do Estado Unitário ou centralizado, cujo melhor exemplo é a França, e aquele do Estado Federal, cujo exemplo clássico são os Estados Unidos (Dalari, 1986). No Estado Unitário há um alto grau de homogeneidade interna e coesão e a administração se exerce somente a partir da capital. Todas as decisões sobre cobranças de taxas e impostos e de alocações de políticas públicas emanam do poder central, e a execução se faz por repartições da administração central nas localidades. Esta centralização não quer dizer autoritarismo, uma vez que um sistema de representação político-democrático faz chegar aos órgãos centralizados da administração pública as demandas da sociedade em diferentes partes do território nacional.

O Estado Federal, ao contrário, se funda na diversidade e tem sua origem na aliança ou pacto de coexistência firmado entre regiões e povos diferentes para fundar o Estado — o pacto federativo. Sociedades regionalmente diferenciadas em relação à religião, língua, etnia encontram no pacto federativo a melhor forma de organização política, uma vez que num Estado Unitário centralizado estas diferenças seriam fontes de conflitos e de disputas de poder entre as regiões de domínio de uma etnia, religião ou língua. É preciso lembrar, porém, que os Estados Unitários hoje estáveis são aqueles que historicamente tiveram sucesso na submissão de toda a sociedade, especialmente as minorias, e de todo o território à aceitação da unificação mediante a padronização das normas, das leis, da língua e da cultura.

Deve ser ressaltado, no entanto, que há diferentes graus de centralização (*unitarismo*) e de descentralização (*federalismo*) que variam no tempo e no espaço, ou seja, não há um modelo rígido aplicável a todos os países. Além disso, não há nenhuma relação direta entre centralização e autoritarismo ou descentralização e democracia, como a história do Brasil pode fazer crer. A França, por exemplo, é historicamente centralizada e manteve esta condição mesmo sob as regras da democracia moderna, e, da mesma forma, os Estados Unidos são historicamente descentralizados — com um bem nítido federalismo — e democráticos; a Alemanha, no entanto, permaneceu federal, mesmo sob o regime nazista. Portanto, é a ação resultante dos interesses e dos conflitos, que se territorializam e modelam o território, que expressa as características da sociedade e das forças políticas no seu interior. As escolhas entre os modelos unitários ou federais devem ser creditadas a essas características e forças políticas.

Limites de ação da sociedade local

A questão do centralismo ou do federalismo é importante para compreender os limites de ação da sociedade local sobre o seu território. Nas estruturas de gestão política centralizadas, como na França, a influência da sociedade local nas alocações de recursos públicos se faz através do aparato institucional de representação política que engloba os eleitos nas comunas, nos departamentos e nas regiões. Nos Estados Federais, como os EUA, a divisão territorial significa bem mais que a representação política e traduz o controle e a influência dos recortes subnacionais em decisões sobre os interesses dos seus habitantes. Estas decisões incluem legislação própria e geração de receitas através de impostos.

A questão dos recortes administrativos tem, portanto, importância considerável para a geografia política. Estes recortes revelam a territorialidade da política porque são construções históricas, progressivamente elaboradas através do controle físico sobre um determinado território e do domínio simbólico definido por valores partilhados por toda a sociedade local (Sack, 1986).

A história da França é exemplar. Tanto na Revolução Francesa, no século XVIII, como com Napoleão, no século XIX, tentou-se substituiu as antigas divisões administrativas por outras consideradas mais racionais e eficientes para a administração do território do país, mas nos dois casos, após curta experiência, voltou-se ao recorte anterior. A força da sociedade local reverteu as imposições vindas *de cima*. Logicamente essa força será maior e mais efetiva quanto maior for o tempo de existência de uma sociedade em *seu* território.

No caso do Brasil, há uma estrutura federativa definida pela Constituição, na qual o exercício do poder sobre o território é responsabilidade partilhada da União (poder central); dos Estados (unidades da federação) e dos municípios (poder local). Apesar de ter passado por períodos de maior ou menor funcionamento como uma federação, todas as Constituições da República definiram a divisão de poderes e de atribuições das escalas territoriais do Estado. Cada uma dessas escalas tem poder legislativo e extrativo, ou seja, podem legislar e recolher impostos, isto é, tributar. Porém, ao contrário do que acontece na federação americana, onde as atribuições federais são limitadas basicamente à segurança, defesa, moeda e relações internacionais, no Brasil os limites da legislação sobre as atribuições federais são extremamente abrangentes, e as atribuições das escalas estadual e municipal são estabelecidas como exceção ao que não é responsabilidade da União.

No entanto, é preciso esclarecer que no processo histórico do país as fases de maior ou de menor influência das esferas de ação da União ou das unidades da federação —

os Estados — se alternaram, e esta alternância quase sempre pode ser explicada a partir de interesses de grupos regionais em disputas ou em aliança. Portanto, a geografia nunca deixou de estar presente na história política do país, e é no conhecimento da dinâmica da ocupação do território, da organização das sociedades locais e dos seus interesses que as decisões políticas e os modos de organização do território do país, como resultados concretos dessas decisões, adquirem significado.

É neste quadro institucional que o tema município começa a exigir atenção da geografia política como um recorte espacial institucionalizado importante. Após a Constituição de 1988, novas atribuições foram definidas para esta escala local da política nacional, e as exigências crescentes de organizações da sociedade em torno de direitos da cidadania contribuem para maior visibilidade dessa escala. Afinal, cidadania se conquista através da lei geral, mas é vivida no cotidiano do território, ou seja, naquele das relações de proximidade, de oferta e acesso aos serviços que tornam o direito uma prática social real. A escala municipal é portanto significativa do fazer político no espaço e oferece um vasto campo para a geografia política contemporânea que vai desde a visibilidade de um espaço político de ação das organizações da sociedade civil até as decisões concretas que resultam em políticas públicas que impactam o território e a vida do cidadão. Paralelamente, este é o recorte que revela, em escala reduzida, comportamentos, valores e preferências que permitem compreender traços característicos e diferenças regionais na sociedade nacional.

O município em debate*

O debate sobre o município no Brasil é oportuno e necessário para levantar alguns pontos importantes para uma agenda atualizada das discussões sobre ele. Em primeiro lugar, este é um recorte federativo, com importante grau de autonomia — o que significa atribuições e recursos próprios —; em segundo, trata-se de uma escala política, ou seja, um território político por excelência, e constitui um distrito eleitoral formal para vereadores e prefeitos e informal para todas as outras eleições, com conseqüências importantes para a sociedade local e para o território; em terceiro, é no município que todos habitamos e exercemos nossos direitos, e deveres, da cidadania, onde buscamos os serviços a que temos direito como cidadãos; onde votamos e candidatos são votados. Também é nele que são concretizadas as políticas públicas.

Neste sentido, o universo municipal é a expressão mais concreta do próprio conjunto do território e da sociedade brasileiros — as diferenças entre tamanho, densidade, riqueza, participação política, organização da sociedade local resultam da própria complexidade de ambos. Tudo isto é bem conhecido, e seria banal não fossem os termos do debate em curso no país quando a questão é o município. Algumas indicações são bem conhecidas, como: municípios inviáveis, fragmentação do território em vez de divisão político-administrativa, dificuldades — inclusive legais — para a emancipação municipal.

* Extraído de Castro, 2003. (N.A.)

Cada uma destas posições está fundada em argumentos que são verdadeiros. Mas que não chegam a constituir uma verdade geral. Os mais repetidos referem-se aos custos elevados da máquina política e administrativa municipal; é nele também que resistem e têm visibilidade os redutos da "política clientelista", do populismo, das oligarquias etc. No entanto, é preciso acrescentar que o município é também o lugar do aprendizado da cidadania e da democracia — do exercício do direito político e do acesso às políticas públicas.

Neste sentido, a disponibilidade e o uso dos espaços públicos nos municípios podem nos revelar muitos traços e características da própria sociedade brasileira e as condições por ela escolhidas no processo de organização do seu território. Também podem ser identificadas as condições melhores ou piores para o desenvolvimento do capital social do país, bem como as relações de poder e de interesses que se organizam nesta escala social e política, com efeitos para a sociedade e para outras escalas da federação.

É preciso, portanto, inverter alguns termos da equação do debate atual sobre o município e acrescentar outros. Ele tem sido percebido preferencialmente como o recorte espacial da informação estatística, e o recorte é útil para as análises setorializadas da atividade econômica, das finanças e da sociedade. Porém, estas informações pouco revelam sobre o próprio município como objeto de conhecimento e como um resultado possível das próprias condições diferenciadas das sociedades regionais e locais do país.

Um exemplo dessa opacidade a que o objeto município tem sido submetido é a distância de quatro décadas entre a Enciclopédia dos Municípios Brasileiros, *feita pelo IBGE nos anos 50-60, e a pesquisa sobre o Perfil dos Municípios Brasileiros, publicada em 1999. Ou seja, só muito recentemente as informações se voltaram para o município como conteúdo e não apenas como continente.*

Qual a importância dessa inversão? Perceber (1) que as diferenças vão muito além do problema tamanho da população ou riqueza, mas encontram-se profundamente inscritas nos territórios das sociedades locais; (2) que a isonomia da lei obscurece diferenças entre o que é ser pequeno ou pobre nas regiões Norte *e* Nordeste *ou no centro-sul do país; (3) o que significa exatamente ser mais eficiente e onde; (4) que a produção de injustiças começa nessa escala. Um novo olhar permitirá perceber melhor, através do município, tanto as diferenças territoriais e sociais no país como algumas das suas causas, obscurecidas em um debate que teima em não ver o espaço mais banal e mais fundamental da nossa sociedade.*

Capítulo 4

Espaço e representação política
Geografia eleitoral

Como já foi analisado, o espaço geográfico é intrinsecamente político, ou seja, ele é arena de conflitos e, conseqüentemente, de normas para a regulação que permite o seu controle. Sempre que as instituições políticas não são capazes de atuar eficientemente como reguladoras, produzem-se os quadros de guerras — civis ou entre Estados. Todo o processo de elaboração intelectual e das funções práticas das instituições políticas teve como objetivo o controle dos conflitos para que os projetos sociais, individuais e coletivos pudessem ser alcançados. Neste sentido, nas sociedades modernas, a organização institucional das democracias representativas foi uma resposta às demandas e às lutas de categorias organizadas da sociedade civil, como os sindicatos. Quanto mais organizada a sociedade, maior a sua possibilidade de influenciar a agenda política através da representação.

Uma perspectiva da geografia é importante para compreender, de um lado, como os interesses no território resultam em estratégias para obtenção de respostas favoráveis do sistema representativo; por outro, identificar os modos pelos quais a organização do espaço pode afetar a decisão do eleitor. O voto pode então ser explicado também pelo espaço. A tradição da geografia eleitoral busca justamente esta compreensão. Este é o tema que tratarei nas duas partes a seguir. Na primeira, apresento uma descrição dos sistemas representativos mais importantes nas democracias contemporâneas, e na segunda, as possibilidades de uma análise geográfica do comportamento eleitoral.

Dimensões geográficas dos sistemas de representação política

Nesta parte são analisados os sistemas de representação política, organizados pela sociedade em seu território, o que significa que este sistema tem uma base social, mas ao mesmo tempo territorial. Tanto a organização do sistema representativo — normalmente definida por uma legislação — como os acordos e conflitos resultam das disputas entre interesses dominantes e organizados no território. Estas disputas constituem uma expressão concreta da territorialidade dos conflitos que existem em todas as sociedades complexas e desiguais, ou seja, em toda disputa política há interesses que estão vinculados aos territórios em que os atores sociais habitam, trabalham, produzem riqueza e lutam para se apropriar de parte dela.

Os sistemas de representação política, por sua vez, são mecanismos essenciais, progressivamente elaborados nas democracias modernas, tendo como fundamento a participação popular, que atinge seu ápice no sufrágio universal, ou seja, no direito ao voto de todos os cidadãos legalmente responsáveis em todo o território nacional. Com relação a estes mecanismos, dois problemas serão aqui tratados: aqueles inerentes aos sistemas eleitorais propriamente e o problema da decisão do voto e do seu significado para a geografia. Há aqui uma clara interseção da geografia com a política, uma vez que esta não pode prescindir dos *espaços públicos* — como definidos por Hannah Arendt e já mencionados na primeira parte deste trabalho —, que não são apenas espaços da *publicidade*, ou seja, da possibilidade de ver e ser visto, mas o espaço da *pólis*, fundado pelas normas que regulam a convivência entre pessoas diferentes em um dado espaço físico tornado território. Neste sentido, os sistemas eleitorais e a decisão do eleitor, que são fundadores das democracias modernas, não podem ser separados das condições que afetam a organização do espaço, as quais podem favorecer ou dificultar o alcance do objetivo final do sistema, que é a participação política para defesa de interesses legítimos.

Representação política

Na impossibilidade prática da democracia direta nas sociedades de massa, a idéia de constituição de uma representação política, bem como as dificuldades a ela inerentes no sentido de se obter um formato considerado eficiente e justo, é objeto permanente de discussão. Não há fórmula consensual para além daquela em que seja possível computar a vontade de cada cidadão sobre assuntos de interesse geral. Na Grécia antiga, onde a fórmula foi inventada, apesar dos traços universalistas da sua doutrina, sua aplicação ficou restrita a um número pequeno de cidadãos, proprietários, funcionários ou nobres.

Na atualidade, a representação é, por princípio, uma relação entre o conjunto de cidadãos que integram a comunidade política de um território nacional e os seus representantes. Estes formam o corpo legislativo — no Brasil estes corpos legislativos são: o Congresso Nacional, as assembléias legislativas estaduais e as câmaras municipais de vereadores — e tomam decisões autorizadas por aqueles que os elegeram, ou seja, os seus constituintes.

Nessa delegação de poder ao representante, o eleitor consente por antecipação e assume todas as conseqüências normativas derivadas das decisões do corpo de representantes. O representante, por sua vez, se obriga a tornar efetivos, no corpo legislativo, ao mesmo tempo os valores fundamentais e comuns da ordem política e as concepções particulares acerca do interesse e do bem públicos daquele conjunto especial de constituintes que, com sua confiança, concorreram para o seu mandato, elegendo-o (Tavares, 1994:33).

Em outras palavras, o sistema de representação política confere aos representantes o poder de decisão sobre o *bem público*, isto é, a propriedade e o interesse do conjunto da sociedade, que pode ser uma coisa material ou um valor moral, ambos patrimônios públicos. Esse sistema foi a solução progressivamente elaborada e aprimorada para permitir que os conflitos de interesses nas sociedades modernas, de massa, complexas, altamente diferenciadas e, em muitos casos, fortemente desiguais pudessem ser deslocados do interior dessas sociedades para a arena legal das casas legislativas. Sem deixar de considerar a importância de opor, sempre que necessário, o otimismo da vontade ao pessimismo da razão, como bem percebeu Maquiavel, mesmo que este sistema seja imperfeito e necessite de aprimoramento constante, ele tem desempenhado o papel de catalisador dos conflitos de interesses nas sociedades que o adotaram.

Duas proposições podem ser destacadas das definições acima: na primeira, o corpo legislativo deve agir de acordo com as concepções particulares acerca do interesse dos seus constituintes, ou seja, seus eleitores de cujos interesses eles são fiadores; na segunda, as normas e leis elaboradas refletirão estas concepções particulares, porém, dentro dos limites impostos pelo interesse geral, ou seja, do bem público. A conseqüência imediata dessas proposições é que quanto melhor for o sistema de representação melhor será o corpo de representantes e suas escolhas tenderão a refletir o corpo social que os elegeu. Daí a importância das legislações eleitorais, dos formatos dos distritos eleitorais, das plataformas partidárias etc. que afetam fortemente a relação entre o eleitorado e as *cadeiras legislativas* ocupadas. A contribuição da geografia para esta questão é evidente, cabendo-lhe a tarefa de demonstrar que os interesses e as normas e leis deles derivados resultam das condições espaciais nas quais foram produzidos. Em outras palavras, trata-se de incorporar o espaço como variável explicativa necessária à compreensão das escolhas dos sistemas eleitorais e dos seus resultados: opções dos eleitores e composição da representação.

Sistemas eleitorais

A representação, ou corpo de representantes de uma sociedade — que compõe o Poder Legislativo —, resulta das escolhas feitas através de eleições, cujos modelos e formatos variam de acordo com os *sistemas eleitorais*, que são as formas legais de transformar voto em voz. Ainda com Tavares (1994:34), os sistemas eleitorais são construções institucionais, concebidas política e estrategicamente e realizadas tecnicamente para viabilizar e sancionar a representação política. A concepção e a escolha políticas de um sistema eleitoral são afetadas por quatro fatores essenciais:

a. As peculiaridades das estruturas sociais e políticas da sociedade nacional particular em que o sistema eleitoral será adotado.

b. A mediação subjetiva da avaliação estratégica da realidade por parte dos responsáveis pela escolha do sistema, ou seja, os valores e preferências do segmento da elite política encarregada desta escolha.

c. Os princípios definidos pela teoria positiva e normativa da representação política (ideologia) assumida, conscientemente ou não, orientam a concepção e a escolha do sistema eleitoral.

d. O aparato institucional e legal — engenharia política — constitui o meio técnico capaz de implementá-lo, ou seja, as instituições e a legislação que organizam o processo eleitoral e que ratificam seus resultados.

Todo este processo de elaboração e de funcionamento de um sistema eleitoral é apoiado em leis que, para cada sociedade, definem o acesso ao sufrágio (direito de eleger) e a elegibilidade (direito de ser eleito). A legislação eleitoral define as duas condições das eleições para escolha de representantes: as classes de pessoas que podem ou não participar como eleitores e como candidatos, e os recortes territoriais do país, que constituem as circunscrições com direito a um número de cadeiras legislativas. Aqui são evidenciadas as duas dimensões do sistema eleitoral: uma dimensão social, que define legalmente quem tem direito a eleger e a ser eleito, compondo o corpo daqueles com plenos direitos de cidadania, e uma dimensão espacial, que define um número de representantes para cada recorte territorial estabelecido, as circunscrições ou distritos eleitorais.

Às dimensões social e espacial da representação política e do sistema eleitoral deve ser acrescentada a dimensão histórica. A tradição medieval inglesa consagrou, no século XIII, a eleição para a Câmara dos Comuns de dois cavaleiros por condado e de dois cidadãos por burgo, como resultado do enfrentamento entre a nobreza e a burguesia (Tavares, 1994:71). Este desenho da representação incorporava razões de legitimação e de fiscalidade e aproveitou a malha territorial preexistente para separar de forma mais nítida os segmentos da sociedade — cavalheiros e burgueses — susceptíveis de conferir ao rei apoio político e financeiro (Lévy, 1994:180).

Este sistema criado na Inglaterra foi inovador e apontou as possibilidades da representação como resposta às demandas e conflitos da sociedade que se reestruturava. No entanto, ele ainda guardava toda a estratificação da sociedade medieval, que foi posterior e formalmente subvertida com a Revolução Francesa.

Na realidade, o lento processo histórico de incorporação social e territorial aos sistemas representativos é parte integrante do que se pode chamar de democracia moderna. Esta democracia representativa tem se transformado como resposta às mudanças sociais decorrentes dos processos de transformações estruturais das sociedades e de seus Estados desde o seu nascimento e tem sido orientada pela progressiva conquista da igualdade de direitos, que teve seu momento fundador de realização na Revolução Francesa. Embora a democracia — governo de muitos — como expressão do bem público, com base social e espacial, tenha tido seus alicerces filosóficos na Antigüidade grega, ela foi reelaborada nas condições objetivas da Europa moderna e espalhou-se pelo mundo a partir da liderança comercial e militar das potências européias a partir do século XVIII.

Ao contrário da Grécia antiga, onde a sociedade estratificada conferia direitos políticos apenas aos cidadãos que, definidos por critérios estreitos, eram pouco numerosos, a democracia moderna desencadeou um processo crescente de participação política baseado na isonomia, ou seja, direitos iguais para todos perante a lei, como condição da sua própria legitimação e sobrevivência. Todo este processo de ampliação de direitos políticos de participação foi progressivo e respaldado pela concepção democrática de algumas correntes da filosofia liberal européia desde o século XVIII. Esta proclamava o individualismo e as liberdades individuais e atacava a aristocracia defensora do direito que garantia as desigualdades de nascimento e que reprimia as liberdades tanto econômicas como políticas. Como ideologia política, o liberalismo democrático atraiu amplos setores das sociedades dos países europeus, especialmente a nascente burguesia urbana, e disseminou-se pelo mundo através da colonização e por influência econômica, militar e cultural das potências do Velho Continente.

No entanto, esta mesma democracia elaborada intelectualmente para libertar a burguesia do modelo político do *Antigo Regime*, isto é, das condições de domínio formal da aristocracia européia, era profundamente excludente em relação à participação política dos não-proprietários e dos iletrados, que na época constituíam a grande maioria da população. Porém, como o formato posterior da democracia foi uma criação social fomentada no confronto entre os novos direitos e aqueles instituídos, a prática democrática não cessou de evoluir pelo confronto entre os poderes estabelecidos e os conflitos gerados por novas demandas que os desestabilizavam. Neste sentido, é importante registrar que a natureza da prática democrática supõe a sua própria transformação e a recriação contínua da política (Chauí, 1983), ou seja, a prática democrática é intrinsecamente subversiva.

Dimensão espacial do sistema de representação

Como foi visto até aqui, representação política, sistemas eleitorais e democracia são conceitos e práticas historicamente interdependentes. Porém, não é possível compreendê-los sem analisar as condições existentes nos espaços de vida, de interesses, de produção e de circulação das sociedades. É justamente esta dimensão espacial do sistema de representação política que interessa à geografia política, em geral, e à geografia eleitoral, em particular.

Com relação à geografia eleitoral, a análise dos sistemas eleitorais, moldados pela concepção de democracia e de representação, deve considerar o papel desempenhado pela organização do espaço e seus constrangimentos, ou *rugosidades*. Aqui, além dos tradicionais princípios da geografia, como localização, extensão, contigüidade, acrescidos dos de forma e função, devem ser incorporados outros, como conflitos e interesses territorialmente ancorados. Neste sentido, a geografia deve ser capaz de demonstrar que os interesses sociais são também territorializados e que não apenas esta territorialidade da política afeta o sistema de representação política, mas que nela reside uma parcela da própria natureza do sistema.

Neste sentido, os recortes territoriais incorporados aos sistemas de representação política, mesmo se comandados pelos representantes deste sistema, não são, como afirmou Lévy (1994:184), apenas "uma certa transcendência do

Estado sobre os eleitores que faz lembrar as primeiras divisões do reino francês". Na realidade, a perspectiva desta *transcendência* implicitamente concorda com a tese, bastante questionada por muitas correntes da filosofia política, de uma transcendência do cidadão como um ser ideal, não contaminado pela contingência*. Se assim fosse, a geografia e mesmo a sociologia não teriam nada a dizer, porque o ato de ser cidadão teria o mesmo significado independentemente do seu espaço de vida, ou seja, do território. Na realidade, a representação política, em sua essência, sempre incorporou o cidadão e seu espaço de vida, ou o espaço dos seus interesses — o território. Nenhuma engenharia política, ao longo da história da democracia, prescindiu da incorporação do recorte territorial à equação da relação entre a sociedade e a composição do Parlamento que a representa.

É justamente este constrangimento espacial que torna esta equação complexa. Como a métrica da divisão jamais poderá resolver conceitualmente ou na prática o leque de possibilidades dos recortes dos interesses e das identidades sociais, uma possível proporcionalidade perfeita entre os habitantes e os interesses a serem representados com a definição de um percentual de representantes idêntico para todo o conjunto do território nacional é impossível, mesmo nas opções mais justas e igualitárias. Este percentual complica-se mais ainda em situações em que há necessidade de incorporar territórios desigualmente povoados, desigualmente dotados de recursos econômicos, habitados por diferentes etnias ou grupos religiosos.

Este problema esteve sempre presente na formulação de critérios para os desenhos dos recortes territoriais como base da atribuição de um determinado número de cadeiras para a formação dos corpos legislativos por via eleitoral. Para a geografia eleitoral duas questões são importantes: 1) os sistemas eleitorais como processos de transformação de voto em voz, ou seja, a escolha dos procedimentos capazes de ajustar a representação política aos conflitos de interesse, ao equilíbrio do poder e às possibilidades de mudanças sem rupturas; e 2) a interpretação do voto, ou seja, a tentativa de compreensão das escolhas dos eleitores a partir das mediações sociais e territoriais daquilo que se supõe afetar essas escolhas.

Os sistemas eleitorais

Os sistemas eleitorais são basicamente de dois tipos, cada um com diferenças decorrentes das especificidades da sociedade que o adota: *majoritários* e *proporcionais*, embora a prática, em muitos países, busque formatos que utilizam fórmulas de ambos, fazendo surgir um terceiro tipo, derivado dos dois primeiros, que são os *mistos* (Tavares, 1994).

Os *sistemas majoritários* caracterizam-se pelo princípio que lhes é comum: no território definido como circunscrição, colégio* ou *distrito eleitoral*, os votos dos eleitores são convertidos em assentos parlamentares. Elegem-se os partidos ou os candidatos que obtiverem maior volume de votos, até que seja completada a representação parlamentar, sendo desprezados os votos dos demais partidos e candidatos.

Em sua formulação pura, a implicação fundamental de um sistema majoritário, de lista fechada e bloqueada sobre a base de uma circunscrição eleitoral nacional única, seria o partido cuja lista obtivesse o maior número de votos arrebatar a totalidade da representação parlamentar. Uma situação deste tipo dificultaria a competição eleitoral e poderia chegar a instalar uma autocracia de partido único. Porém, na prática dos sistemas majoritários, o padrão de distribuição das cadeiras parlamentares depende do padrão de distribuição territorial da totalidade do eleitorado nacional, que se distribui pelos distritos eleitorais, e de suas preferências partidárias. Além disso, e mais especificamente, há um peso importante do padrão de distribuição da força eleitoral relativa dos diferentes partidos entre os distritos.

Nos *sistemas proporcionais*, cada um dos diferentes partidos políticos tem uma participação percentual na totalidade da representação parlamentar, o que lhes possibilita participar na formação do governo (se o governo for parlamentar) ou no controle sobre ele (se o governo for presidencial). Tanto a participação como o controle são proporcionais ao percentual de distribuição das preferências do corpo eleitoral, materializadas em votos.

Mas o grau de proporcionalidade na distribuição da representação parlamentar dos partidos decorre de dois elementos: a fórmula eleitoral — que converte, para cada partido, votos em assentos legislativos — e a magnitude dos distritos, isto é, o número de representantes que cabe a cada distrito eleger, definido este último como unidade territorial, no interior da qual se dá a distribuição dos votos entre os partidos e convertidos em distribuição de cadeiras parlamentares* entre os partidos.

Os sistemas mistos combinam, numa fórmula institucional única e complexa, diferentes procedimentos e mecanismos de conversão dos votos nos partidos e em candidatos em cadeiras parlamentares. Estes sistemas empregam alternativamente métodos majoritários e métodos proporcionais, numa diversidade de combinações que, mesmo mantendo os princípios gerais da competição eleitoral, cada sistema adotado torna-se praticamente único.

Nenhum desses sistemas é neutro ou livre de distorções e nenhum garante equilíbrio perfeito entre a representação da sociedade em seu território. Porém, é possível estabelecer em linhas gerais que o voto majoritário implica escolhas alternativas e permite o exercício de um poder unificado em cada período legislativo; a representação proporcional, por sua vez, expressa no interior do Estado as contradições do corpo social. No entanto, a opção por um ou outro decorre do processo histórico de cada sociedade e dos grupos dominantes em um dado momento da história do país e nos seus diferentes recortes territoriais.

Por isso, como já foi dito, embora seja possível identificar princípios gerais no ordenamento da competição eleitoral, cada fórmula adotada só pode ser compreendida no quadro dos interesses de base territorial e dos conflitos do poder inerente ao corpo político de cada sociedade. Como exemplos dessas escolhas, temos a Inglaterra e os Estados Unidos, que adotam sistemas majoritários baseados no voto distrital uninominal, ou seja, um representante eleito por distrito, a França e a Austrália, que têm sistemas eleitorais mais complexos, podendo ser classificados como mistos, e o Brasil, cujo sistema é nitidamente proporcional.

Nos sistemas majoritários de distritos uninominais, como os da Inglaterra e dos Estados Unidos, é possível, e ocorre com freqüência, que um partido minoritário quanto à soma nacional dos votos conquiste a maioria absoluta das cadeiras do Parlamento. Nos sistemas proporcionais, cujas cadeiras são preenchidas por quociente eleitoral (obtido pela divisão do número de eleitores pelo número de cadeiras a serem preenchidas) e quociente partidário (obtido a partir dos votos dados ao candidato mais votado do partido, considerando o total de votos no partido e o número de cadeiras que ele detém), é possível que candidatos mais votados em partidos pequenos não tenham acesso ao Parlamento, enquanto os grandes partidos conseguem eleger candidatos menos votados, ocorrendo uma distorção que é própria do sistema distrital uninominal. Este é o caso do Brasil e de outros países, como o Chile e a Finlândia.

Sistema eleitoral e estratégia político-territorial no Brasil

No Brasil, mesmo se o sistema eleitoral é proporcional e não majoritário, a decisão sobre o número mínimo de cadeiras no Congresso Nacional para as unidades da federação — que, afinal, são grandes distritos eleitorais — afeta a composição regional das bancadas e das maiorias no Congresso. A recomposição dessa distribuição foi uma estratégia utilizada pelos governos militares pós-64 que, para tornar o Congresso mais dócil, ampliaram a representação da periferia, amazônica principalmente, mais favorável ao regime. Antes das alterações, a menor representação possível no Congresso correspondia a um deputado para cada território federal e três para as unidades da federação com menores colégios eleitorais. Quando cada um desses territórios tornava-se Estado (unidade da federação), passava a ter direito a um mínimo de três representantes. Ainda no período militar, este número mínimo foi alterado para quatro, o que garantiu ao regime a maioria no Congresso com o apoio das bancadas dos estados das regiões Norte, Centro-Oeste e Nordeste, onde os partidos conservadores que sustentavam o regime militar tinham suas bases eleitorais.

No entanto, essa é uma estratégia de representação territorial cuja lógica pode não ser necessariamente conservadora. Também na nova Constituição de 1988, elaborada com os novos ares democráticos que sopravam no país após o fim do regime militar autoritário, o número mínimo de deputados federais por estado foi novamente alterado, dobrando para oito. Esta decisão dos constituintes aumentou consideravelmente o peso da representação dos estados menos populosos no Congresso e novamente beneficiou as regiões Norte e Centro-Oeste, onde se encontram os estados novos e a maioria daqueles menos povoados. Estas duas regiões possuem, portanto, na atualidade, um número bem maior de cadeiras no Congresso em proporção ao peso da sua população no total do país, sendo em razão desta desproporção as mais sobre-representadas no Congresso Nacional. É possível interpretar esta estratégia também como uma forma de dar voz à periferia do país. Retomarei este tema no próximo capítulo.

Reproduzo a seguir uma crônica política de 2001, mas sempre atual e bastante didática a respeito da importância da representação política no Congresso e o modo como ele expressa as tensões e os conflitos de interesses na sociedade:

Razões para amar o Congresso

Roberto Pompeu de Toledo

Revista Veja, *Ed. Abril, 9 de maio de 2001*

Esta é uma hora em que pode ser oportuno lembrar certos singelos argumentos em seu favor.

O nobre senador está mentindo.

— Vossa Excelência me desculpe, mas eu o considero culpado.

Como é que alguém pode ser a um tempo "nobre" e "mentiroso"? Como pode merecer as pompas do tratamento de "excelência" seguidas do opróbrio de uma sentença de culpa? Nestes tempos em que como poucas vezes, talvez nunca, o público tem acompanhado as sessões do Senado, alguns se chocam com uma etiqueta parlamentar que combina rapapés de salão com desaforos de botequim. Então o Senado é isso? Para tais pessoas, se é isso, não passaria de templo da hipocrisia. O lugar onde a torpeza se traveste de cavalheirismo e o xingamento se disfarça em galanteio. Sim, na linguagem do Senado a "nobreza" pode vir junto com a "mentira", a "excelência" com a "culpa", mas vamos lá — isto não é defeito, mas virtude. Comecemos do começo. Que é um Parlamento? É, em última análise, a alternativa civilizacional à guerra civil. Ou, para usar um conceito da psicanálise, a sublimação da guerra civil. Mais esmiuçadamente, é o artifício inventado pelas sociedades, ao atingirem certo grau de aprimoramento, para resolver seus conflitos sem recorrer à violência.

O Parlamento é uma casa de conflitos, eis algo que não se deve perder de vista. Não é como um ministério — onde, definidas as políticas a seguir, se impõe que todos os funcionários, organizados e submetidos a uma hierarquia, sigam no mesmo rumo. Ou como uma empresa, onde, igualmente definidas as metas e as estratégias, espera-se que todos se alinhem em sua perseguição. O Parlamento, como uma guerra civil, tem facções, neste caso chamadas partidos. Cada um tem seu objetivo. E ninguém tem o poder, ao contrário do que ocorre num ministério ou numa empresa, de forçá-los a uma ordem unida. Nenhuma facção tem o poder de calar outra, pois o Parlamento ostenta, como outra de suas características, o fato de, nele, não existir hierarquia. Os parlamentares são todos iguais. Ninguém é chefe de ninguém. As decisões são tomadas ao jogo do voto, das negociações e da formação de maiorias, não por obediência a ordens.

Do exposto decorre que nada mais apropriado do que chamar o colega de "nobre", antes de qualificá-lo como mentiroso, ou de "excelência", antes de sentenciar-lhe a culpa. A cortesia, como entre os cavaleiros da Idade Média, precede o golpe. Com a vantagem de, ao contrário dos torneios medievais, disso não resultarem mortes, a não ser em raras ocasiões. Se o Parlamento foi feito para parlamentar, a disputa tem de ser com a arma da palavra. E, ao se confrontar com palavras, se se trata de pessoas iguais, todas merecem tratamento de distinção, diferentemente do que ocorre na sociedade em geral, onde alguns são tratados por "senhor" ou "senhora" e merecem as honrarias do "por favor" e do "obrigado" enquanto para outros basta um "ô Zé, vai no banco pagar isto" ou "ô Maria, traz um café". O Parlamento é o lugar onde pessoas diferentes se tratam compulsoriamente como iguais e onde pessoas que não se respeitam batem-se compulsoriamente com respeito.

...

Quando não há o Parlamento para absorver os conflitos que ocorrem? Há duas hipóteses. A primeira é uma ditadura — e então não ocorre nada, embora desse nada possa advir silêncio tão aterrador quanto a maior das barulheiras. Os conflitos são abafados. As dissidências são resolvidas nas câmaras de tortura. A segunda hipótese consiste, quando não há força capaz de impor-se ditatorialmente às outras, no mútuo trucidamento. É o que ocorre nas guerras entre quadrilhas de traficantes. Como lhes falta Parlamento para negociar, votar ou buscar consensos, entra em ação a metralhadora.

Não há dúvida de que os parlamentos têm vícios horríveis, que vão da morosidade nas decisões à acolhida de facínoras em seu meio. O brasileiro tem vícios talvez maiores do que o normal. Na condição de casa de recepção, encaminhamento e solução de conflitos, no entanto, não se tem saído mal. Tome-se o período que vai da agonia do regime militar até hoje. O Congresso reprovou, é verdade, a eleição direta para presidente em 1984. No ano seguinte, porém, encontrou meio de corrigir-se, ao propiciar a eleição de Tancredo Neves. De lá para cá, nos momentos de mais alta tensão na política nacional, como na crise de Fernando Collor, soube encontrar saídas satisfatórias. De tão aberta e tolerante, a Casa já abrigou até um deputado que costumava fazer picadinho dos adversários. Mas nesse caso, como no dos anões do orçamento e em outros, tem sabido limpar as próprias fileiras, cassando mandatos.

Em momentos como o atual, não é raro que os mais nervosos, ou mais mal informados, de cambulhada com os mal-intencionados, estendam seu desânimo, ou sua raiva, à própria instituição parlamentar. É um ponto de vista. Mas que tenham consciência de seu alcance, e cravem desde já os que querem no lugar se os tanques das ditaduras ou as metralhadoras das guerras civis.

Comportamento eleitoral

Em situação ideal, a escolha eleitoral é a resposta dada pelos cidadãos às políticas públicas em todas as escalas territoriais. É a partir da sua visão de mundo, da imagem do seu entorno e do seu cotidiano que o cidadão — tornado eleitor — dá respostas, através do voto, às decisões e ações políticas. Estas respostas do eleitor constituem um amplo campo de análise na sociologia, na ciência política, na antropologia e na geografia eleitoral. Em todos estes campos, a explicação dos resultados eleitorais como conseqüência da racionalidade do eleitor, do sistema eleitoral em vigor e das suas condições de vida é o objetivo principal. Para alcançá-lo são analisados diferentes fatores, como: a estrutura socioprofissional da população, o ambiente cultural e religioso, as tradições políticas, a escolaridade, a faixa etária, o gênero, a etnia, a legislação eleitoral etc.

A geografia eleitoral contribui, em particular, para dar visibilidade aos marcos espaciais daqueles fatores, ou condições, que afetam o voto e os resultados das eleições. Neste sentido, tanto os sistemas eleitorais como os resultados das eleições podem ser analisados através do que apontamos como razões espaciais, ou seja, as muitas condições que no território cercam a existência humana, como a localização, a vizinhança, a densidade demográfica, as instituições, os equipamentos à disposição dos cidadãos etc.

No caso dos sistemas eleitorais, estes fatores devem ser considerados nas razões espaciais que afetam as escolhas de determinado método de voto e do desenho dos limites das circunscrições eleitorais. A criação de distritos eleitorais destinados a favorecer um determinado partido é o exemplo mais corrente das distorções possíveis nesta prática, conhecida como *gerrymandering*, devido ao primeiro caso histórico descrito pela *Boston Gazette* de 26 de março de 1926, denunciando o governador de Massachusetts, Elbridge Gerry, por assinar o decreto de criação de distritos eleitorais, formando uma nova circunscrição que lhe era favorável (Sanguin, 1981:113).

O formato do mapa do novo distrito eleitoral era semelhante a uma salamandra (*salamander* em inglês), daí o nome de *gerrymandering*. Este artifício possibilita, nas democracias que adotam o sistema de voto distrital majoritário, a garantia de maioria para determinadas coalizões no poder, na medida em que possibilita reunir eleitores com o mesmo perfil e com maior previsibilidade do voto.

A magia do voto

Os estudos empíricos de geografia eleitoral, apesar de aparentemente limitados ao mapeamento dos resultados das eleições, são importantes por permitir explorar a intersecção entre o espaço e o mistério do momento fundamental da vida política nas democracias modernas, que é o voto. O processo eleitoral enseja, no momento de votar, um ritual que coloca em suspensão a vida política e instala a possibilidade de renovação do contrato da sociedade com os seus governantes. Parte dessa magia pode ser explicada pela geografia.

Neste sentido, há quatro *efeitos* que devem ser considerados com relação à possibilidade de o espaço afetar o comportamento eleitoral, isto é, a decisão do eleitor diante da urna. No primeiro, o efeito dos amigos e vizinhos, que faz com que o candidato obtenha mais votos no lugar de nascimento ou de residência. Este é um efeito importante nos sistemas majoritários com distritos muito pequenos. No caso dos amigos, não necessariamente vizinhos, outra possibilidade desse efeito é aquele de identidades religiosas ou étnicas, que no Brasil afeta tanto o voto em candidatos evangélicos como aquele de minorias de origem japonesa em São Paulo e no Paraná (Ames, 2003). No segundo, há o efeito de proteção local quando há um tema na eleição que é mais claramente sensível a uma determinada área ou região do que em outras. Em eleições nacionais, as questões regionais afloram de modo bem nítido. No terceiro, os efeitos da campanha eleitoral, que podem ser mais sensíveis em uma área do que em outras. Na realidade, trata-se aqui das estratégias dos partidos e dos candidatos de selecionar temas e plataformas dirigidas a eleitores de redutos eleitorais específicos. No quarto, o efeito de vizinhança, que explica por que os partidos obtêm melhores resultados nas zonas em que são mais fortes em seus bastiões. Este efeito explica a concentração de determinado tipo de voto em áreas mais homogêneas, que são mais discerníveis em escalas menores — como bairros, comunidades rurais, municípios pequenos, nos quais há um segmento social dominante: classe trabalhadora, elite, etnia, religião etc.

Deve ser acrescentado que estes efeitos espaciais sobre o voto são evidenciados através da cartografia, recurso fundamental da geografia eleitoral. Neste sentido, a geografia contribui fortemente com sua competência para a elaboração e a análise dos mapas de distribuição espacial dos votos, que só pode ser compreendida quando correlacionada com outras variáveis, como indicadores socioeconômicos, educacionais, étnicos, etários etc. O conhecimento geográfico do território e da sociedade constitui portanto um recurso necessário para a compreensão, ou mesmo para a previsão, dos resultados eleitorais.

Do ponto de vista desse conhecimento, em contrapartida, o exercício de interpretação dos sistemas e dos processos eleitorais, além da distribuição territorial da decisão do eleitor, constitui um elemento a mais para explicar as diferentes tensões e conflitos que afetam as formas de organização do espaço. No entanto, é preciso compreender também os meandros interpostos pela legislação eleitoral, pelo sistema partidário, pelas decisões sobre os coeficientes eleitorais e pelos recursos disponíveis nas campanhas no percurso entre a escolha do voto do cidadão eleitor e o destino efetivo do seu voto. Legislação eleitoral, partidos políticos e formas de financiamentos de campanhas eleitorais são mediações importantes entre o voto e a voz que ele pretende fazer ouvir.

Capítulo 5

Estado e território no Brasil contemporâneo

Neste capítulo serão apresentadas questões para uma agenda de pesquisa na geografia política brasileira que privilegia as escalas de análise nacional e regional dos fenômenos políticos. As discussões estão organizadas em *quatro partes*: na *primeira*, serão apresentados os problemas do federalismo no país; na *segunda*, será feita uma discussão do sistema de representação proporcional buscando interpretar o peso das diferenças no povoamento e da organização do espaço na composição do Congresso Nacional; na *terceira*, serão apresentados os argumentos sobre as peculiaridades da relação entre território e sistema político no país; e na *quarta*, os problemas e os debates sobre as características das disparidades regionais brasileiras e do regionalismo no sistema representativo, suas tensões e seus desvios. Em cada uma destas partes será feita uma primeira discussão conceitual. No final deste capítulo, aproveito o tema para fazer uma introdução ao debate sobre o município no Brasil e as possibilidades que ele apresenta, como menor recorte federativo e mais próximo do cidadão, de constituir uma problemática clara como objeto de reflexão e de pesquisa na geografia.

Federalismo

O pacto federativo é, por definição, um acordo de base territorial no qual grupos localizados em diferentes partes de um território organizam-se em busca da harmonização entre suas demandas particulares e os interesses gerais da sociedade que eles têm por objetivo constituir. Por se tratar de acomodação de diferenças há, portanto, uma constante tensão nesse pacto, cabendo aos arranjos institucionais organizar os interesses e controlar os conflitos. Em outras palavras, o pacto federativo é um formato político institucional que tem como objetivo a difícil tarefa de preservar a diversidade, unificando e conciliando objetivos, muitas vezes opostos.

Na realidade, o federalismo foi pensado e gradualmente elaborado como solução para definir os termos da união das ex-colônias inglesas na América no momento da sua independência. Estas treze colônias uniram-se numa confederação que deu origem, no século XVIII, aos Estados Unidos da América e que estabeleceu as bases institucionais para a fundação do Estado americano, garantindo, porém, a desconcentração espacial de uma parcela do poder político e a governabilidade democrática.

O sucesso da estrutura federativa norte-americana apoiou-se na definição clara das esferas de poderes da União e naquelas dos estados, na aplicação do princípio de separação dos poderes Legislativo, Executivo e Judiciário e na garantia dos meios para o exercício pleno das atribuições de cada uma daquelas esferas. O Congresso Nacional, por sua vez, é o órgão de expressão da vontade dos estados, ou seja, das diferentes frações socioespaciais já consolidadas do espaço norte-americano como territórios econômicos, políticos e sociais já naquela época. Esse pacto federativo estabeleceu, desde a sua origem, uma estrutura dualista, através da qual o processo de centralização territorial do poder político, necessário à fundação do Estado, fez-se por adesão das unidades políticas, que reconheciam a soberania da União e esta a autonomia dos estados sobre questões previamente definidas.

No Brasil, o processo de construção de uma federação teve um movimento em sentido contrário, ou seja, a República adotou a estrutura federativa como mecanismo de descentralização do poder imperial, definindo três esferas político-administrativas: a federal, a estadual e a municipal. Porém, os mecanismos do federalismo no Brasil não garantiram nem a autonomia das decisões dessas esferas nem asseguraram o controle democrático da política. Nesse sentido, o pacto federativo fundador do Estado republicano brasileiro permitiu, nas décadas iniciais de sua implantação, situações contraditórias, como: a) a convivência com o centralismo, que apenas em curtos períodos da história, como aquele entre a implantação da República e a Revolução de 1930, foi mais brando; b) o mandonismo local, que recentemente vem tendo o seu poder reduzido; e c) longos períodos de poder autoritário (Camargo, 1992).

O federalismo, como já foi dito, é uma forma de organização territorial das instituições políticas que tem por objetivo fundamental acomodar as tensões decorrentes da necessidade de uma união das diferenças para formar uma unidade. Este processo que incorpora e tenta resolver institucionalmente esta contradição faz emergir para a geografia uma dupla questão: aquela colocada pelo fundamento territorial do Estado, que se constitui através da soberania sobre um território, e aquela que surge a partir da territorialidade da sociedade, ou seja, das formas de inserção dos interesses, dos atores e sujeitos sociais no espaço.

Em outras palavras, a tradição histórica, na qual se inclui a formação de uma sociedade com interesses econômicos e políticos, implica uma divisão territorial que tende a se institucionalizar em prazo maior ou menor. Portanto, embora a perspectiva sociológica contemporânea identifique a sociedade como aquela limitada por um Estado-nação (Giddens, 1991), as dimensões espaciais das identidades, solidariedades e interesses guardam especificidades que, se fazem parte da estrutura da unidade maior, não podem ser ignoradas quando se tornam particularismos que emergem na dinâmica do sistema político.

No Brasil, a história da conquista territorial deixou marcas profundas no imaginário político nacional. A tradição unitária durante o domínio colonial e durante o Império refletiu-se fortemente na busca da unidade territorial e forjou, de certo modo, a herança de um imaginário de unidade e de identidade nacionais fundamentado na conquista territorial. Este imaginário está na origem do mito fundador do Estado no Brasil, atribuído à estratégia colonial portuguesa da conquista territorial. Esse mito estabelece que a unidade territorial é uma herança, ou seja, uma realidade evidente e não um objetivo político a ser construído e preservado pelo Estado nacional (Machado, 1990).

Esta unidade territorial como fundamento da própria formação do Estado e da nação no Brasil teve conseqüências importantes e contraditórias. A imposição da unidade desencadeou disputas regionais de grupos que não se sentiam contemplados pela estrutura de poder no país. Paralelamente, fomentou a visão triunfante de uma unidade histórica como constitutiva do imaginário nacional, o que, certamente, afetou a pouca curiosidade das ciências sociais sobre o regionalismo no país, ideologia daquelas disputas. Deve ser lembrado que no momento da Independência o território brasileiro era um desenho no mapa e não havia ainda uma fronteira totalmente definida por acordos internacionais que garantissem a soberania sobre o conjunto do território, mas mesmo assim a crença na herança colonial do grande território que deve ser preservado como patrimônio da sociedade nacional permanece e obscurece o papel dos atores na construção de espaços diferenciados.

Desse modo, em nome dessa unidade territorial, todos os movimentos de caráter regional, tanto na colônia como após a Independência, eram sufocados, mesmo os que não tinham reivindicações separatistas, tanto no período colonial, em nome da integridade do Império português na América, como após a Independência, para preservar o mito fundador da herança territorial deixada pelos descobridores e colonizadores. Tendo em vista a perspectiva de uma identidade nacional fundada na extensão territorial, não eram valorizados os estudos sobre diferenças culturais ou identidades regionais no país. Afinal, a extensão do território estabelecia a legitimidade da fé no destino de grande potência, e a unidade lingüística e religiosa fornecia as bases da legitimidade da idéia de nação, integrada ao território conquistado ao longo de uma história de alguns séculos. A unidade territorial e social constitui, pois, para muitos ideólogos do Estado brasileiro, a base necessária da coesão social garantida pela adesão ao pacto da nacionalidade. Nesta perspectiva é possível sugerir que o peso "de uma representação homogênea que os brasileiros possuem de si mesmos" (Chauí, 2000) pode explicar, pelo menos em parte, os poucos estudos sobre identidades regionais, regionalismos e as diferenças territoriais que estas são capazes de produzir (ou de explicar) no país.

Portanto, a organização federativa no Brasil era contraditória com a perspectiva da unidade nos corações e mentes da elite dirigente do país. Unidade esta longamente forjada pelo processo histórico de lutas para a consolidação do território e para a construção da nação. Neste sentido, a estrutura federativa brasileira estabeleceu-se, desde a República, com uma disfunção entre um formato político-administrativo pensado e desenvolvido para acomodar a representação das diferenças territoriais e a perspectiva de manutenção de uma unidade que deveria ser preservada a qualquer custo. Estas tensões encontram-se até hoje presentes na estrutura federativa brasileira e têm se consubstanciado nas alternâncias entre os momentos de centralização e de descentralização político-administrativa na nossa história republicana.

O sistema de representação proporcional

A conexão entre a administração do Estado, o sistema político representativo e o território aponta um elemento explicativo para a análise da organização espacial nas escalas territoriais locais e regionais e supõe uma coerente e bem elaborada argumentação com base no território como objeto de investigação e da geografia como conhecimento estruturado para revelá-lo. Neste sentido, a discussão dos fundamentos territoriais da representação política é importante na elaboração de uma agenda de pesquisa para a geografia política brasileira, especialmente num momento de reestruturação do pacto federativo, do redimensionamento das escalas de poder no país e das disputas regionais por maior representação no sistema proporcional em vigência. Esta discussão é oportuna pela necessidade de se obter maior visibilidade do sistema político e de sua instrumentalização possível sobre alocações de recursos que afetam a organização da sociedade, seus meios de vida e suas atividades produtivas em territórios específicos.

O sistema de representação proporcional, em sua essência, reflete a composição diferenciada da sociedade, mas incorpora também o território. Neste sentido, a representação pode ser entendida de diversas maneiras, cada uma delas implicando diferentes suposições a respeito de quem e do que deve ser representado. Algumas premissas devem ser estabelecidas como base da análise.

A primeira premissa, com o suporte nas reflexões de Edmond Burke (1982) no século XVIII, articula escolhas particulares associadas ao território. Assim, para esse pensador, a representação política é representação de interesses, que são fixos, poucos, claramente definidos, na maior parte econômicos e estão associados a localidades particulares. A localidade "faz parte de" ou "participa de" tal interesse; a localidade não "tem" o interesse. Para o autor, devem ser diferenciadas também as prioridades da nação, que não se relacionam a um grupo ou localidade.

Outra premissa, apoiada na teoria liberal dos federalistas americanos, aponta que a função do governo representativo é trazer para dentro do Legislativo os diferentes conflitos facciosos para que eles se equilibrem e se tornem inofensivos, de modo que possa prevalecer a "moderada voz da razão" — o interesse racional, verdadeiro e ampliado da nação. Ainda nesta perspectiva, um sistema representativo democrático deve impedir a tirania da maioria e o poder de veto da minoria com relação à defesa dos interesses individuais, corporativos ou de classe. A primeira premissa considera que os interesses estão associados a lugares particulares; na segunda, o lugar não é mencionado, mas argumentarei aqui que a inserção neles das preferências facciosas, a que se referiram os federalistas, é evidente na prática das democracias representativas, incluindo-se a nossa.

Na realidade, não se pode representar cidadãos sem representar ao mesmo tempo o lugar que habitam, com suas histórias, suas atividades e suas preferências. A engenharia política que estabelece a composição dos Congressos nas democracias modernas é uma demonstração de que o território, como continente da base material da sociedade, não pode ser negligenciado. Assim, um sistema de representação proporcional ideal, no qual o número de representantes seria função direta do número de votos (*one man one vote*), em países de grandes disparidades regionais no povoamento levaria a uma enorme Câmara de Deputados, certamente cara e de difícil administração, ou a uma parcela do território nacional, juntamente com seus habitantes e escolhas, sem direito à representação e, portanto, sem cidadania política.

Na realidade, o princípio da representação política está pautado em duas dimensões: aquela das pessoas e aquela do território por elas habitado. Nas democracias modernas, com duas câmaras, o Senado representa de modo igualitário as unidades da federação, ou seja, o território, e a Câmara dos Deputados representa a sociedade. No entanto, como toda sociedade habita um território, na prática das democracias tem sido impossível deixar de considerar as diferenças de densidade populacional nos espaços construídos pelas sociedades nos cálculos da representação no Parlamento. A opção por sistemas de representação majoritário, proporcional ou misto, como foi visto, são tentativas de acomodar ou de reduzir o peso dessas diferenças. No Brasil, o formato da representação proporcional que se expressa na composição da Câmara dos Deputados é profundamente afetado pelas diferenças de povoamento e de interesses no território do país.

Neste sentido, no Brasil, como em qualquer país com grandes diferenças territoriais na distribuição da população, o exercício da cidadania política é uma questão constitucional e legal, necessariamente mediada pelo território. Pelo princípio de cada cidadão um voto, é estabelecido que o cidadão deve ser representado *a priori*, porém é preciso considerar o fato banal, mas fundamental, de que cada cidadão habita um território, no qual sua vida está organizada e suas prioridades estão estabelecidas.

Esta forma geográfica de pensar o território indica que a sua representação não está completamente resolvida no Senado, onde as unidades da federação têm o mesmo peso. Afinal, as funções legislativas desta Câmara Alta têm sido bem mais restritas do que aquelas da Câmara dos Deputados. Paralelamente, o problema da impossibilidade de representar cidadãos sem ao mesmo tempo considerar o lugar que habitam, com a história, com as atividades e com as prioridades nele estabelecidas exige estratégias institucionais e soluções políticas aceitas pela sociedade. Afinal, a própria origem da palavra cidadania, o direito à participação no governo da cidade, indica que a pessoa e seu lugar de vida são inseparáveis.

A representação proporcional expressa também a importância do papel desempenhado pelos conteúdos sociais, econômicos e históricos dos territórios. Numa federação, cujas unidades federativas constituem os distritos eleitorais, como é o caso do Brasil, esses conteúdos aparecem como elementos importantes para a análise e interpretação das questões aparentemente específicas de um sistema político representativo democrático. De um ponto de vista estritamente político, uma representação verdadeiramente democrática deve garantir, como princípio, a impossibilidade de tirania da maioria e o poder de veto da minoria, tanto em relação às escolhas corporativas ou de classes quanto às escolhas de base territorial, mesmo num quadro de forte heterogeneidade sócio-espacial.

É com base nesses princípios que se estabelece no país o debate, sempre atual, sobre a representação proporcional que impõe a São Paulo, estado mais populoso e mais rico da federação, a injustiça da sub-representação frente à sobre-representação dos estados da Amazônia e do Centro-Oeste, de menor população e mais pobres. Esclarecendo o conceito, a sobre-representação é a situação que ocorre quando uma unidade da federação tem um número maior de representantes no Parlamento do que lhe caberia se fosse obedecida a proporção da sua população em relação à população total do país, ou seja, se o percentual de seus representantes em relação ao total de deputados do Congresso fosse igual ao percentual da sua população em relação ao total do país. A sub-representação, ao contrário, é a situação em que a unidade da federação tem um número de representantes no Parlamento menor do que a proporção da sua população na população total do país.

Um problema evidente que se coloca ao sistema representativo brasileiro é o de garantir uma proporcionalidade correta em um território tão desigualmente povoado. Nunca é demais recordar que existe um quociente de um para 104 entre os estados de menor e de maior população (Roraima e São Paulo, respectivamente). Na prática do formato da representação parlamentar no país, esta diferença deve se acomodar a um número estabelecido constitucionalmente para o total de 513 cadeiras de representantes federais e ao número mínimo de representantes, oito, estabelecido pela Constituição de 1988. A partir dessas imposições legais é definido o máximo de cadeiras — 70 — para o maior distrito eleitoral, que é São Paulo.

No caso brasileiro, a questão de encontrar uma equação para uma proporcionalidade ótima da representação parlamentar deve considerar dois problemas para a democracia: o primeiro é como obter uma proporcionalidade ideal e ao mesmo tempo controlar a possibilidade da tirania da maioria, coincidentemente concentrada no centro-sul, juntamente com a maior parte das atividades econômicas e da renda; o segundo é como garantir os direitos da minoria e ao mesmo tempo impedir o fortalecimento das oligarquias que historicamente dominam o cenário econômico e político das regiões mais pobres e o seu poder de veto nas mudanças que ameacem a sua influência.

Do ponto de vista do aprimoramento da democracia, a perspectiva territorial da representação parlamentar brasileira incorpora a tensão entre impedir tanto o poder de veto das minorias oligárquicas e conservadoras das regiões mais pobres como a hegemonia dos interesses das elites econômicas das regiões mais ricas. Afinal, as alianças entre interesses conservadores, tanto os oligárquicos da periferia como os hegemônicos do centro, têm favorecido uma situação de persistentes disparidades regionais e de fortes injustiças espaciais num país que já lidera o ranking mundial dessas desigualdades (Castro, 1997b).

Território e sistema político

No ano de 1993, o Congresso Nacional instalou uma CPI (Comissão Parlamentar de Inquérito) para investigar deputados federais responsáveis pela elaboração do orçamento da União que utilizavam as emendas orçamentárias, encaminhadas pelos deputados, para enriquecimento ilícito. O escândalo político conhecido como o episódio dos "anões do orçamento" apontou os envolvidos, entre os quais muitos representantes das regiões Norte e Nordeste. As investigações da CPI propiciaram um outro debate, recorrente na história republicana do país, sobre o problema da injustiça da representação parlamentar na Câmara dos Deputados. Rapidamente uma relação direta de causa e efeito foi estabelecida em muitas das análises sobre o problema e as conclusões mais superficiais apontavam o baixo custo do voto naquelas regiões como o principal responsável pela má qualidade de alguns dos seus representantes no Parlamento.

No entanto, o sistema brasileiro de representação proporcional, apesar das suas distorções históricas, tem permitido incorporar aos seus debates e decisões as grandes transformações econômicas e sociais das últimas décadas, cujos resultados mais importantes têm sido a explosão do sistema oligárquico coronelista, no meio rural, e a redução do clientelismo carismático, no meio urbano. Mas, apesar de as eleições periódicas e regulares constituírem um meio, certamente o mais viável, embora não o único, para o controle dos representantes e para a expressão dos representados em sociedades complexas, permanece o paradoxo da representação no Brasil, marcada ainda pelo caráter fortemente elitista da nossa tradição política. É nestes dois contextos que a discussão atual sobre a adequabilidade da estrutura representativa no país pode, e deve, ser remetida às disputas econômicas e políticas regionais.

A lição extraída da experiência do século XX é a inevitabilidade do sistema representativo e a necessidade de repensá-lo sempre para torná-lo compatível com os ideais democráticos e de justiça tanto social como espacial. Porém, os limites operacionais do sistema não deixarão nunca de constituir um parâmetro obrigatório. Neste sentido, sendo enfatizada a composição de um corpo legislativo, assume importância determinar se o sistema eleitoral garante ou não a correspondência entre esse corpo e a nação como um todo.

Numa concepção descritiva, a representação proporcional é, justamente, uma tentativa de assegurar a representatividade de uma legislatura, através da qual segmentos do eleitorado têm porta-vozes em número proporcional ao seu peso numérico, garantindo a relação representante/representado; nesta concepção, os diferentes pesos relacionados à diferença do tamanho da população a ser representada não são considerados. Na prática, porém, a representação organizada territorialmente regionaliza os segmentos a serem representados e, neste caso, o peso numérico dos representantes refere-se ao número de habitantes das diferentes circunscrições eleitorais que, no caso brasileiro, são os estados, unidades da federação. No entanto, como já foi dito, uma proporcionalidade perfeita entre população, território e representação é um objetivo quase nunca alcançado.

No Brasil, é preciso considerar a estratégia territorialista e socialmente excludente da elite política, desde a Independência. O controle de variáveis-chave, como população e território, foi questão colocada desde o início da formação do Estado brasileiro (Vianna, 1996). Porém, como as estratégias de controle dessas variáveis são diferenciadas, a história do sistema representativo brasileiro aponta uma diacronia* entre a incorporação do território, como parâmetro político e condição essencial das negociações, das alianças e da composição do poder, e o lento processo de incorporação dos interesses do conjunto da sociedade. O resultado tem sido o controle da representação através da exclusão social garantida mediante engenhosas legislações eleitorais.

Mesmo na atualidade, quando a incorporação à cidadania política de todos os segmentos sociais finalmente foi alcançada com a extensão do voto aos analfabetos, determinada pela Constituição de 1988, a legislação eleitoral permite que haja uma ampla margem de apropriação indébita dos votos através de transferências não autorizadas. Na prática isto significa a manutenção de amplas margens de exclusão da vontade do eleitor em todas as unidades políticas da federação. Análises do processo eleitoral têm avaliado os efeitos perversos das legislações eleitorais brasileiras sobre a real proporcionalidade entre as escolhas do eleitorado e a composição da representação. Santos (1995) aponta que determinados aspectos da legislação eleitoral brasileira — tais como o sistema de listas abertas e a prática de coligações eleitorais — distorcem acentuadamente os princípios da representação proporcional enquanto tal. Também Lessa (1996) em sua pesquisa sobre os desvios dos votos e, conseqüentemente, da vontade do eleitor no Rio de Janeiro, possibilitados pela legislação, indica o caráter rarefeito e distorcido da representação e o alcance real da exclusão de cidadãos do processo de manufatura desta representação. Portanto, para além de uma proporcionalidade objetiva entre as unidades da federação, sua população, seu eleitorado e seus representantes no Parlamento, há muitas outras injunções que devem ser ponderadas.

Em síntese, um debate estreito da mera equação matemática que deve determinar a proporção ideal na relação eleitorado/cadeiras, além de não trazer grandes esclarecimentos à questão, parece obscurecer outras preferências, mesmo que legítimas, mas muito mais ancoradas nos conteúdos materiais do território e nas disputas para controlar um processo decisório que garanta alocações, isto é, a destinação de fundos orçamentários a um fim específico ou a uma entidade favoráveis a essas preferências.

Representação parlamentar, interesses e território

É pois na relação entre território e interesse que a geografia política brasileira pode contribuir para o debate sobre os supostos desvios territoriais do sistema político representativo no país. Neste sistema, o eleitorado da Região Sudeste em geral e o de São Paulo em particular seriam os grandes prejudicados, pois na equação para a definição do número mínimo e do número máximo de cadeiras na Câmara dos Deputados Federais resulta o que seria uma injusta sub-representação de São Paulo e a sobre-representação dos estados menos povoados como Roraima, Acre e Rondônia, além de outros das regiões Norte e Centro-Oeste.

A sugestão aqui, para fins de análise, é que se interprete esta questão por um outro ângulo, tomando-a como um resultado possível dos muitos conflitos distributivos no país, que neste caso particular colocam em arenas distintas as disputas por investimentos e políticas públicas localizadas em São Paulo e em outras unidades da federação. A heterogeneidade e os conflitos do contexto federativo brasileiro são decorrência de uma dinâmica regional extremamente desigual, o que dificulta sobremaneira o estabelecimento de mecanismos eficazes de articulação e coordenação de interesses comuns (Silva, 1997).

Esta suposição deriva de duas constatações. A primeira refere-se à histórica sub-representação de São Paulo (tabelas 1 e 2), mesmo antes que as dimensões e direções

Tabela 1

Distribuição Regional da População
e dos Deputados Federais (em % sobre o total)

	Norte	Centro-Oeste	Nordeste	Sudeste	Sul
1962					
População	3,6	4,1	31,8	43,5	16,9
Deputados	6,6	5,1	33,2	38,4	16,6
1978					
População	6,6	4,2	29,8	42,2	18,3
Deputados	6,6	6,6	30	37,1	19,5
1983					
População	4,9	6,4	29,3	43,5	15,9
Deputados	6,6	5,1	33,2	38,4	16,6
1996					
População	7,2	6,8	28,3	42,9	15
Deputados	12,7	8,2	29,4	34,9	14,8
2000					
População	7,6	6,8	28,1	42,6	14,8
Deputados	12,7	8	29,2	35	15,1
2004					
População	7,9	7	27,8	42,6	14,7
Deputados	12,7	8	29,4	34,9	15

Fonte: Anuário Estatístico do Brasil, *FIBGE e Câmara dos Deputados, 1962, 1978, 1983, 1996, 2000 e 2004.*

atuais do conflito distributivo tenham se manifestado, e a segunda refere-se ao conflito federativo recente, que decorre principalmente da disputa pelos recursos escassos da União, propiciada pelas mudanças na legislação do ICMS (imposto sobre circulação de mercadorias e serviços), e resulta na "guerra fiscal" que tem permitido à periferia concorrer por investimentos em condições vantajosas com o centro.

Os dados da tabela indicam que a sub-representação da Região Sudeste é bem antiga e que a sobre-representação beneficia particularmente as regiões Norte e Centro-Oeste, cujas populações em relação à nacional aumentaram 7,2 pontos percentuais entre 1962 e 1996, enquanto suas cadeiras legislativas aumentaram 9 pontos. A tabela indica ainda que a Região Sul durante alguns períodos beneficiou-se de uma pequena margem de sobre-representação e que a Região Nordeste, sempre referenciada quando se fala em mais representantes do que ela teria direito em situação ideal de proporcionalidade, possui níveis de sobre-representação muito reduzidos.

Tabela 2

São Paulo
População Residente e Deputados Federais
Brasil = 100

	População		Cadeiras
1960	18,2	1962	14,4
1970	19,1	1974	12,6
1980	21,4	1983	13,1
1991	21,5	1995	13,6
1996	21,7	1999	13,7
2000	21,8	2003	13,6
2004	21,9	2004*	13,6

Fonte: Censos demográficos, *FIBGE*,
Pesquisa demográfica, *FIBGE, 1996, 2004, e Câmara dos Deputados.*
* O número de cadeiras para 2004 é o mesmo de 2003.

Para São Paulo, em particular, a série histórica indica que a sub-representação da sua população passou, em pontos percentuais, de 6,5 em 1970 para 8 em 1996. Não há dúvida de que o estado tem sido sub-representado no Legislativo nacional e que esta situação piorou. No entanto, como apontaram as pesquisas e as análises políticas, este não é o único nem o mais evidente dado a ser considerado nos problemas do sistema de representação proporcional. Um exemplo disto é que as capitais do país são, em seu conjunto, sub-representadas de Norte a Sul (Carvalho,

1996), ou seja, todas elegem menos representantes do que seria de esperar tendo em vista o peso de suas populações nos seus respectivos estados.

Como já foi apontado, o problema da exclusão do eleitorado, propiciada pela legislação eleitoral e materializada nos diferentes artifícios que levam a mudar a direção da sua vontade expressa pelo voto, é bastante grave e ocorre tanto no maior como no menor colégio eleitoral, isto é, o total de eleitores de uma circunscrição eleitoral. Esta é outra questão cuja solução não se esgota na proporcionalidade e que atinge boa parte dos cidadãos, qualquer que seja sua base eleitoral.

Na Tabela 3 foram comparados apenas o maior e o menor colégios eleitorais. Na realidade o fenômeno é muito mais geral, e aqui se buscou apenas ilustrar a questão. A comparação entre os quocientes eleitorais — *Legal*, obtido pela divisão do número de eleitores pelo número de representantes; *Operacional*, resultante do somatório dos votos válidos dividido pelo número de cadeiras; e do *Quociente Mínimo*, que indica a votação individual do candidato eleito com menos votos numa dada eleição — assinala, no maior e no menor colégios eleitorais, a diferença entre o quociente legal e o mínimo, em todos os períodos, indicando o nível de exclusão do eleitorado, nos dois casos, pelas abstenções, pelos votos brancos e nulos e pela legislação eleitoral relativa aos votos de legenda e ao sistema de transferências de votos.

Tabela 3

Quocientes Eleitorais Eleitores no Maior e no Menor Colégio Eleitoral (1945-2002)

		Quocientes Eleitorais		
		Legal[1]	Operacional[2]	Mínimo[3]
1945	São Paulo	47.281	38.669	6.895
	Amazonas	6.390	3.364	1.504
1950	São Paulo	51.046	36.345	7.908
	Amazonas	10.777	6.534	2.703
1954	São Paulo	63.418	42.187	11.890
	Amazonas	17.384	8.838	3.538
1958	São Paulo	65.682	60.256	10.920
	Amazonas	12.686	10.011	3.790
1962	São Paulo	64.978	53.129	7.270
	Acre	2.795	2.031	827
1966	São Paulo	83.076	61.016	15.191
	Acre	3.901	2.841	843
1970	São Paulo	152.298	110.560	25.726
	Acre	13.368	9.610	4.555
1974	São Paulo	174.448	144.267	20.915
	Acre	19.773	15.162	7.037
1978	São Paulo	186.258	150.989	33.332
	Acre	15.159	9.564	6.900
1982	São Paulo	223.448	184.016	44.063
	Acre	14.434	9.828	5.661
1986	São Paulo	272.180	240.158	20.066
	Acre	17.330	15.035	4.807

1990	São Paulo	318.359	241.598	19.723
	Roraima	10.778	7.864	1.395
1994	São Paulo	296.785	183.918	26.445
	Roraima	14.917	10.303	2.517
1998	São Paulo	333.158	278.151	37.604
	Roraima	21.328	15.784	5.253
2002	São Paulo	366.508	280.298	275*
	Roraima	26.066	21.122	6.488

Fonte: Monitor Público. *Conj. Univ. Candido Mendes. Ano 3, nº 10, 1966. TSE — Tribunal Superior Eleitoral*

1 Quociente Legal — Número de eleitores dividido pelo número de representantes.
2 Quociente Operacional — Somatório dos votos válidos dividido pelo número de cadeiras.
3 Quociente Mínimo — Votação individual do candidato eleito com menos votos numa dada eleição.
* Distorção decorrente do grande número de votos dados ao candidato a deputado federal Enéas, do PRONA, pequeno partido, o que beneficiou outros candidatos do partido com número muito pequeno de votos.

Observando os dados da Tabela 4 é possível perceber que a sub-representação do maior colégio eleitoral aumenta a cada incorporação de uma nova unidade da federação com população muito pequena. A distorção entre o tamanho dos colégios eleitorais é evidente, assim como as dificuldades operacionais para obter uma proporcionalidade na representação nacional, com as condições de distribuição da população pelo território, dentro dos recortes políticos das unidades da federação.

Tabela 4

Relação entre o Maior e o
Menor Quociente Eleitoral Mínimo
(1945-2002)

1945	SP/AM	1/4,5
1950	SP/AM	1/2,9
1954	SP/AM	1/3,3
1958	SP/AM	1/2,8
1962	SP/AC	1/8,8
1966	SP/AC	1/18
1970	SP/AC	1/5,6
1974	SP/AC	1/2,9
1978	SP/AC	1/5,4
1982	SP/AC	1/7,8
1986	SP/AC	1/4,2
1990	SP/RR	1/14
1994	SP/RR	1/10,5
1998	RN/RR	1/9,8
2002	RN/SP	1/288,7*

Fonte: Monitor Público. *Conj. Univ. Cândido Mendes. Ano 3, nº 10, 1966.*
TSE — Tribunal Superior Eleitoral

* Distorção decorrente do grande número de votos dados ao candidato a deputado federal Enéas, do PRONA, pequeno partido, o que beneficiou outros candidatos do partido com número muito pequeno de votos.

Na realidade, os efeitos das disparidades regionais no povoamento do território brasileiro são complexos e evidentes para o sistema político representativo, e a Tabela 5 ilustra bem o problema. Tendo em vista os muitos desdobramentos das questões relativas ao sistema político e seu funcionamento, a existência da sub-representação dos Estados mais populosos, e entre eles os mais ricos, e da sobre-representação dos menos povoados, em geral mais pobres, não deveria conduzir, como tem ocorrido, a uma perspectiva *a priori* de que mais votos garantem uma representação de melhor qualidade e mais legítima.

Tabela 5

Relação entre as Unidades da Federação de Maior e Menor População (1940-2004)

		População	Razão
1940	São Paulo	7.180.000	1/16
	Amazonas	438.000	
1950	São Paulo	9.134.000	1/18
	Amazonas	514.000	
1960	São Paulo	12.809.000	1/81
	Acre	158.000	
1970	São Paulo	17.772.000	1/82
	Acre	215.000	
1980	São Paulo	25.041.000	1/83
	Acre	301.000	
1991	São Paulo	29.589.000	1/140
	Roraima	217.000	
1996	São Paulo	31.000.000	1/142
	Roraima	218.000	
2000	São Paulo	36.966.527	1/114
	Roraima	324.152	
2004	São Paulo	39.825.226	1/104
	Roraima	381.896	

Fonte: Censos Demográficos, *FIBGE*;
Contagem Demográfica, *FIBGE, 1996. FIBGE, 2004.*

A suposição desta perspectiva inclui o seu oposto, ou seja, que menos votos significam obrigatoriamente a desqualificação do eleito porque seu baixo custo facilitaria meios pouco legítimos para sua obtenção, como recorrentemente é sugerido cada vez que problemas éticos envolvem representantes da periferia. Os debates motivados por estes problemas — como aqueles dos "*anões do orçamento*" e dos representantes do Acre envolvidos com o narcotráfico — questionam a qualidade dos eleitos nas unidades da federação onde há sobre-representação. Além de empobrecedora, esta posição é maniqueísta e elitista, além de sugerir que ser bom ou mau representante é resultado apenas do número de votos. Como já foi indicado neste trabalho, o problema é bem mais complexo, e as análises devem ir bem mais além. Esta cautela é também sugerida por pesquisas que apontam a inexistência de diferenças sistemáticas entre o comportamento dos deputados representantes de regiões mais ou menos industrializadas, se esse comportamento for definido pelo tipo de leis que um deputado propõe e aprova (Santos, 1995).

A relação simplista de causa e efeito indicada acima não contribui para a compreensão do problema central de como consolidar a democracia e a cidadania num país tão grande, tão complexo, com os piores índices do mundo em disparidades de renda, de educação e de qualidade de vida, com realidades sociais regionais muito diferentes e com uma história política de elitismo e de exclusão.

No entanto, deve ser ressaltado que, apesar das dificuldades apontadas, o sistema de representação do Brasil tem um desenho que tem incorporado todo o espectro de interesses de grupos, de minorias ou de tendências (Nunes, Nogueira e Tafner, 1995). A representação territorial brasileira, apesar das distorções, tem dado voz à periferia e tem permitido que suas demandas legítimas, e não apenas barganhas de interesses pessoais, cheguem ao centro de poder.

Na realidade, a concentração de população e de atividades econômicas em alguns poucos estados do centro-sul é reflexo da histórica concentração das atividades econômicas e do poder de decisão nestas áreas. Porém, o sistema representativo de base territorial supõe que os laços dos representantes com seus lugares, mesmo nos mais atrasados, possibilitem condições mais favoráveis à promoção do desenvolvimento econômico e social. Neste sentido, tão desejável quanto melhorar a proporcionalidade da representação política é estabelecer as condições para que o sistema político favoreça o processo de interiorização do desenvolvimento, que já vem ocorrendo progressivamente nas últimas décadas, criando novas atividades, novas lideranças e mais participação, estas sim os melhores antídotos contra os tradicionais vícios do poder conservador na periferia.

Nesta perspectiva, uma pergunta se impõe. Tendo sido historicamente sub-representado, por que só na última década este fato passa a ser um problema político para São Paulo? Uma resposta da geografia política requer algumas aproximações. Uma delas, recordando o que já foi dito, é que não há Estado-nação que tenha se constituído sem tensões territoriais decorrentes de interesses localizados, e o

Brasil não é exceção. Este problema e sua discussão refletem tanto as muitas desigualdades regionais do país como a dinâmica das mudanças territoriais das últimas décadas, promovidas pelo processo de mudanças econômicas que têm afetado interesses e grupos territorializados e historicamente dominantes. Essas mudanças têm conduzido a profundas transformações socioeconômicas nas últimas décadas, como: a lenta e contínua interiorização da população; a progressiva redução absoluta da população rural (e da população agrícola economicamente ativa) desde a década de 1970; a interiorização dos investimentos produtivos; a expansão das cidades médias; a expansão das telecomunicações, além dos impactos, no território e na sociedade, das imposições da competitividade no conjunto das atividades do país.

Embora as estatísticas agregadas nem sempre consigam refletir todos os efeitos dessas mudanças, quando desagregadas tornam possível perceber novos atores e novos territórios que impõem novas demandas e se mobilizam para que estas sejam atendidas. Se as aproximações acima são corretas, o problema não está necessariamente nas possíveis mazelas das desproporções do sistema representativo brasileiro, mas sim nas transformações que ele está refletindo e mesmo propiciando. Em outras palavras, são alguns efeitos destas transformações que, de certo modo, os grupos de interesses prejudicados procuram evitar.

É neste sentido que, tão desejável quanto a redução das distorções da representação proporcional no país, é preciso estar atento aos níveis de exclusão não voluntária do eleitorado em todas as regiões, à incorporação da periferia ao processo de desenvolvimento com todas as conseqüências possíveis para a reorganização do território e da sociedade e à formação de novas atividades, novos interesses e novas lideranças, sempre articulados com suas bases territoriais. Em síntese, a contribuição da geografia ao debate está em informar o país, ou seja, o modo como seu território tem sido afetado pelo redimensionamento do papel tradicional do Estado nacional e pelas dinâmicas das novas imposições econômicas globais, a fim de que seus processos políticos possam ser compreendidos em suas inescapáveis relações com as dimensões específicas das transformações da sua sociedade e do seu espaço.

Regionalismo e cultura política

O sistema representativo de base territorial permite que tanto o federalismo como os regionalismos adquiram visibilidade no arcabouço institucional e sejam incorporados às agendas políticas dos diferentes governos. No Brasil, porém, apesar da longa existência de ambos, o tema regionalismo tem tido dificuldades para incorporar-se definitivamente à agenda da geografia política nacional. No entanto, o fundamento territorial do regionalismo encontra-se na região, qualquer que seja o seu recorte, uma vez que esta é uma escala espacial que confere visibilidade e sentido a um território socialmente construído. Sua construção se faz a partir de decisões com base em racionalidades econômicas e culturais, o que permite deduzir que ela é tanto forma concreta como representação e ideologia.

A região é um território, e como tal reconhecido por seus habitantes através dos símbolos identitários mais variados. Nem todo território pode ser chamado de região, o que não quer dizer que não existam territórios reconhecidos como tal. Enquanto representação da realidade, a região faz parte do imaginário social*, mas ela é também um espaço de disputa e de poder, base para essa representação que é apropriada e reelaborada, tanto pela classe dominante como por outros grupos que se mobilizam para defender seus interesses territoriais. Ambos constroem, a partir dela, um conjunto de idéias e conceitos que são reassimilados coletivamente como identidade.

Esta identidade, elaborada com um fim específico a partir do substrato regional e incorporada ao imaginário social, constitui uma dimensão do regionalismo, que se manifesta como consciência regional. Lembramos que a história da formação e consolidação dos Estados nacionais é a própria história dos conflitos regionais, e das maneiras mais ou menos violentas ou sutis de colocá-los sob controle de um poder centralizado. A persistência das clivagens regionais* faz pensar nos recursos que têm sido utilizados para expressar politicamente as diferenças como questões regionais.

Neste ponto a expressão questão regional deve ser qualificada. Uma região torna-se "questão" quando sua inserção na organização política e econômica nacional é conflituosa, por questões étnicas ou culturais, ou quando a reorganização da economia nacional se impõe sobre uma economia regional, desestruturando-a. Portanto, nem toda disparidade regional resulta em uma "questão regional", e as regiões que constituem "questões" não são obrigatoriamente as regiões mais pobres. A Espanha é um exemplo desta situação, enquanto a Escócia e o País de Gales encontram-se no primeiro caso.

A utilização corrente do conceito no país refere-se exclusivamente à Região Nordeste e tem sido reivindicada no discurso político regional. Neste caso, trata-se de ressaltar o componente de responsabilidade política da nação para com as regiões que constituem a *questão* a que se quer dar visibilidade, pois esta é, necessariamente, uma responsabilidade do Estado. Um problema regional, seja econômico ou social, ao contrário, é responsabilidade da administração regional. Em outras palavras, o status de *questão* desloca a sua solução para um nível político mais alto, isto é, o conjunto da nação.

Um outro conceito, já esboçado, ajuda a criar confusão e obscurecer o real sentido dos supostos relativos às questões regionais. Trata-se do regionalismo, aqui entendido como a mobilização política de grupos dominantes numa região em defesa de interesses específicos frente a grupos dominantes de outras regiões ou ao próprio Estado. Esta é, portanto, uma forma de mobilização política, porém motivada por interesses constituídos e organizados no território regional. Muitos regionalismos são expressões de "questões regionais", mas eles podem ser apenas expressões de interesses regionais, o que não deixa de ser legítimo. Não se deve, portanto, confundir interesses de segmentos sociais regionalizados, mesmo que em regiões historicamente periféricas, com questões regionais.

A organização política do território nacional pode ser percebida também em dois níveis: aquele da administração pública, representada politicamente pelo poder central, através dos instrumentos de intervenção no espaço, e aquele que resulta dos interesses que se organizam em locais específicos e que se confrontam com a tendência homogeneizadora do poder central do Estado. No primeiro, respaldado pela sociedade política, ou seja, a estrutura de poder do Estado, no sentido gramisciano* do termo, configura-se uma divisão do espaço, que é funcional à administração territorial das decisões políticas que operam através de instituições de níveis local e regional. No segundo, constituído pela fragmentação territorial da sociedade civil, os interesses particulares confrontam-se, muitas vezes, com aqueles ditos da maioria, ou seja, nacionais. Em situações de normalidade institucional, a sociedade civil se vale das instituições no recorte territorial e utiliza os seus canais para fazer chegar suas reivindicações aos centros de decisão sobre as alocações de políticas públicas, que podem ser tanto leis como investimentos econômicos ou sociais.

Em outras palavras, como as relações de poder entre as escalas local e central nem sempre são tranqüilas, as tensões que surgem são, quase sempre, absorvidas pelo sistema político. Em muitos países, o federalismo é a estratégia político-administrativa de controlar e reduzir os conflitos territoriais; em outros, a articulação entre política e território configura o regionalismo, cujo caráter conflituoso é mais nítido porque, apesar de espacializado, se produz no confronto entre os interesses particulares de uma sociedade civil territorializada e os interesses gerais (em tese) da sociedade política.

Deve ser esclarecido que federalismo e regionalismo são faces da mesma realidade político-territorial, podendo mascarar-se mutuamente. No Brasil, o limite das unidades federadas — estados — é um forte marco na instituição dos regionalismos, embora seja a dimensão do federalismo a única considerada na análise dos conflitos do poder local com o central. Há fortes evidências de que no país os regionalismos encontram-se subsumidos no federalismo, com dificuldades para emergir como tal. A tradição centralizadora da história do país e as alianças dos grupos políticos estaduais e regionais com o poder central têm constituído forte obstáculo à visibilidade das especificidades criadas, ao longo da história, pelas fronteiras estaduais. Afinal, as fronteiras federadas são também fronteiras de territórios civis diferenciados.

Com relação aos recursos que têm sido utilizados para expressar politicamente as clivagens regionais, como já foi dito, os mais eficientes encontram-se no sistema representativo que permite incorporar os interesses particulares (no caso locais ou regionais) à agenda política nacional, tratando-os como gerais. É neste sentido que todas as formas de regionalismos buscam expressão e visibilidade no sistema político. É a partir dele que suas demandas são encaminhadas. Além disso, federalismo e regionalismo não são necessariamente excludentes, mas, ao contrário, reforçam-se e dão legitimidade às estratégias políticas regionais. Na realidade, o sistema representativo nas democracias modernas encontra-se organizado para que demandas sociais, muitas territorializadas, que compõem a agenda política, possam se expressar. Pensar a sociedade sem pensar o seu território é, no mínimo, ingênuo.

Brasil: regionalismos e unidade nacional

No Brasil, existem fortes regionalismos na política, porém estes se encontram mascarados pelo forte e bem construído imaginário da unidade nacional. Esta afirmação seria uma banalidade, pois, afinal, mesmo em Estados nacionais pequenos, como Portugal e a Bélgica, há regionalismos, não fosse a herança do mito fundador do Estado brasileiro, cujo legado colonial é um imenso território habitado por um povo irmão, composto de homens cordiais, que falam o mesmo idioma do Oiapoque ao Chuí, que nunca viveu guerras fratricidas ou de secessão (com pequenas exceções que a história não pode esconder, mas analisa como casos isolados).

As diferenças territoriais, na verdade, têm sido percebidas e discutidas muito mais a partir do avanço das relações capitalistas de produção, responsáveis pelas transformações que tornam aquelas diferenças mais visíveis no território nacional. Estas diferenças, e seus correlatos* sociais, são percebidos, porém, como basicamente econômicos e não chegam a alterar o imaginário da homogeneidade nacional, o que dificulta a percepção do componente conflituoso dos interesses regionais, que nem sempre podem ser reduzidos ao sistema produtivo.

Como não há aqui diferenças étnicas, lingüísticas e religiosas regionalizadas, que na maioria dos países constituem os signos da identidade territorial, as estratégias políticas regionais nunca mereceram lugar de destaque na literatura acadêmica ou mesmo em documentos técnicos. Outro problema para o tema no país decorre das bases da sua divisão regional. Estas bases foram estabelecidas a partir dos grandes conjuntos fisiográficos caracterizados por domínios climáticos, de vegetação e do relevo. No contexto histórico daquela divisão, não foram contempladas outras peculiaridades sociais ou culturais e apenas os limites administrativos das unidades da federação — estados — foram considerados. Estes limites, certamente, facilitam a tarefa de mapeamento e de obtenção de informação e expressam as macroestruturas do território nacional, mas obscurecem, dentro de si, nas escalas dos estados, diferenças importantes que devem ser ponderadas nas tentativas de compreender melhor o espaço político do país.

O problema é que a possibilidade de estes limites estaduais guardarem alguma peculiaridade social foi sempre considerada secundariamente, e eles não chegaram a se tornar objeto de reflexão ou de análise. Aliás, a geografia política e outras disciplinas afins no Brasil, com exceção da ciência política e da história desenvolvida nos próprios estados, não consideram que limites administrativos possam delimitar algo mais do que territórios administrativos. Continuamos vivendo o imaginário social do povo homogêneo, de uma unidade nacional consensual e sem rupturas.

Definindo melhor o argumento desenvolvido acima, acrescento que o conjunto das demandas regionais, incorporadas à agenda da política nacional, não pode ser reduzido a uma lógica apenas de racionalidade acumulativa do capital no território nacional. Nem pode ser atribuído às tensões em bases políticas regionais, percebidas como contraditórias à unidade da federação. Pois a realidade é que o sistema representativo é regionalizado muito mais por uma lógica de inserção territorial da vida social no sistema político do que por qualquer desvio desse sistema.

Na parte que se segue, a última deste capítulo, abordo o tema da relação entre as diferenças regionais no país e o problema das condições materiais necessárias ao exercício da cidadania. Acredito que esta é uma questão, ao mesmo tempo política e territorial, que expressa como a lógica dos conflitos distributivos, ou seja, aquela que preside as condições para uma melhor distribuição da justiça social, é parte da lógica que torna as desigualdades sociais tão resistentes e tão claramente regionalizadas no país.

A cidadania como problema

A cidadania tem uma forte dimensão espacial, o que a torna uma questão também para a geografia. Tanto os direitos, inscritos no conceito, como o acesso a eles emergem da relação entre o território e as instituições sociais e políticas que mediatizam as lógicas que presidem a diferenciação da distribuição espacial da produção de riquezas e a repartição dos seus benefícios. São essas lógicas que possibilitam que o tema seja tratado numa perspectiva da geografia política no país. A suposição é de que estas diferenças decorrem das condições institucionais inscritas no território, as quais afetam as possibilidades de exercício dos direitos. Paralelamente, argumento que estas condições territorialmente diferenciadas não são triviais nem decorrências diretas da lógica produtiva que resulta em espaços mais ou menos equipados para atender às demandas sociais como efeito direto das suas potencialidades de gerar riquezas. Sendo assim, a disponibilidade de recursos institucionais acessíveis aos espaços do cotidiano do cidadão é um campo de investigação que amplia a perspectiva geográfica sobre a natureza dos processos que presidem o exercício dos direitos sociais e políticos.

Tema recorrente nas ciências sociais, a cidadania é constituída por um conjunto de direitos e deveres garantidos pela lei, mas que se realizam necessariamente nas práticas do cotidiano social inscritas no tempo e no espaço. Estas práticas ancoram-se no aparato institucional à disposição da sociedade através do seu território. Esta territorialidade intrínseca ao conceito coloca algumas questões para o campo da geografia, pois num mundo para além do reduzido grupo das democracias do capitalismo avançado reside a maior parte da população mundial, dividida entre o maior número de Estados-nações. Neste sentido, mesmo que para aquele primeiro grupo de países a existência das condições materiais para o gozo dos seus direitos não seja mais um problema importante, estas condições continuam sendo a questão central para os países que não alcançaram uma ubiqüidade territorial das instituições que garantem ao cidadão o exercício das suas prerrogativas legais. Este é o caso do Brasil, onde tanto os direitos civis como os políticos e sociais são garantidos por lei e inscritos na Constituição da República, mas exercidos numa sociedade e num território atravessados por profundas desigualdades.

Cidadania é, porém, palavra que contém muitos significados, não sendo possível estabelecer um conceito suficientemente abrangente e objetivo que recubra o conjunto das práticas políticas e sociais variáveis no tempo e no espaço por ela evocados. Desde as concepções da *pólis* grega, passando pelos conteúdos modernos instituídos pela Revolução Francesa, até a gama variada de acepções da atualidade, apenas um núcleo forte resiste no conceito: aquele que considera o justo equilíbrio entre direitos e deveres na relação entre indivíduos e comunidade. Se este núcleo não resolve totalmente o problema do conceito, ele tem constituído um ponto de partida filosófico necessário.

Se o conceito como direito e como prática reflete as circunstâncias objetivas da política como parte integrante do cotidiano social, para a geografia o problema está em conhecer de que modo as condições de suporte material no espaço, numa situação de profundas disparidades sociais e regionais, afetam essas circunstâncias. Apesar da natureza moral e política desse conceito, a prática da cidadania contemporânea ancora-se necessariamente no formato das relações sociais progressivamente estabelecidas nos marcos dos limites territoriais dos Estados nacionais. Na realidade, uma das dificuldades para a universalidade do conceito é justamente sua pertinência geográfica, pois se na perspectiva da moderna filosofia política ocidental existe o cidadão, nas condições objetivas dos Estados existe o cidadão nacional (Schnapper, 2000; Giddens, 1999). Mas no cotidiano social existem cidadãos que habitam, ou seja, que vivem em lugares — porções discretas — dos territórios nacionais.

Sendo uma questão de fundo moral da organização da vida social, afetada pela história e recortada pelo espaço, a cidadania como prática constitui, por si, um balizamento e uma perspectiva possíveis para abordar a relação entre o território e a sociedade. A idéia de prática remete necessariamente ao conjunto de instituições que organizam, numa dada base territorial, as possibilidades do exercício dos direitos e deveres dos cidadãos *vis-à-vis* à comunidade e vice-versa. Trata-se do formato da relação entre indivíduo e sociedade ou da existência mais ou menos consolidada de uma comunidade cívica (Putnam, 1996).

Portanto, mesmo que de um ponto de vista legal os direitos sejam assegurados, eles não poderão ser plenamente usufruídos sem uma forte base infra-estrutural do Estado. Em outras palavras, é a rede institucional no território nacional que concretiza o exercício da cidadania assegurado pela lei (Mann, 1992). Esta é certamente uma questão que, de modo geral, tem diferenciado países ricos e pobres, além de regiões ricas e pobres dentro de um mesmo país. Antes, porém, de ir mais além na discussão deste argumento, é importante explicitar as dimensões objetivas da cidadania consideradas para a análise aqui proposta.

Tomo como recurso analítico os direitos civis, políticos e sociais propostos por Marshall (*apud* Carvalho, 2001). Independentemente das críticas à sua perspectiva evolucionista e aos limites do modelo inglês nas suas proposições, não é possível negar esses três direitos como pilares daquilo que a cultura política ocidental contemporânea considera ser cidadão: os direitos civis como aqueles fundamentais à vida, à liberdade, à propriedade e à igualdade perante a lei, garantindo a vida em sociedade; os direitos políticos que definem as normas, os limites da ação coletiva e individual e que asseguram a participação no governo da sociedade; e os direitos sociais como salvaguarda ao acesso à riqueza produzida coletivamente, através do direito à educação, à saúde, à aposentadoria, ao trabalho e ao salário justo. Estes direitos compõem um conjunto de ações que configuram o que as democracias modernas consideram como justiça social. Se para os dois primeiros direitos a lei é a instância que possibilita a isonomia, sendo exigidos apenas os recursos institucionais que protegem a sua aplicação a todos os residentes em todo o território, no caso do último é a inserção territorial das instituições, corporificadas nas organizações, que confere as condições de acesso aos direitos sociais. Portanto, enquanto o exercício de direitos civis e políticos requer fundamentalmente um aparato judiciário adequado, o exercício de direitos sociais requer uma base infra-estrutural muito mais ampla e onerosa, apoiada nas instituições públicas — escolas, hospitais, polícia etc. — que condicionam a oferta e o acesso aos serviços onde o cidadão está.

Nas democracias contemporâneas, de países ricos ou pobres, em que esses direitos estão estabelecidos, as possibilidades de usufruí-los dependem do conjunto de instituições que, organizadas no território, garantem a todos os habitantes o acesso a eles. É justamente esta rede institucional que constitui um dos diferenciais da cidadania naqueles dois grupos de países. Se nos países ricos o poder infra-estrutural do Estado permite o acesso aos direitos em qualquer parte do território, num país como o Brasil a localização pode constituir um facilitador ou uma dificuldade ao exercício desses direitos (Carvalho, 2001).

O problema da acessibilidade a externalidades positivas não é uma questão nova para a geografia. Em seu *Social Justice and the City*, Harvey (1973) abordou a questão do acesso a bens e valores como um diferencial de renda e de qualidade de vida. Analisando o espaço urbano, o autor demonstrou como as localizações da moradia e do trabalho no território da cidade alteram a posição relativa do habitante na escala social. Com relação ao problema mais abrangente da cidadania, a mesma situação parece se repetir na escala nacional quando os municípios são tomados como unidades de análise dentro da estrutura federativa.

Deve ser ressaltado que a cidadania tem sido, ao longo da história das sociedades, uma conquista, aliás, ampliada com os recursos institucionais que no território favorecem ou constrangem a participação nesse sentido. Assim, sintetizando o que foi dito aqui, duas perspectivas devem ser consideradas: a de que a cidadania como prática do cotidiano social ocorre no território e a de que esta prática é influenciada pelo arcabouço institucional à disposição do cidadão. Na situação brasileira, estas condições são afetadas pelas escalas decisórias e recortes territoriais que compõem a estrutura federativa do país. Neste sentido, o município é um recorte espacial possível para a análise porque ele é um espaço político, uma escala de ação e um território onde se encontram organizadas as condições materiais e simbólicas do cotidiano social.

O espaço brasileiro é marcado por fortes disparidades: de povoamento, de atividades produtivas, de distribuição de renda, de educação, de equipamentos sociais etc., além de ser recortado em unidades federativas — estados e municípios — de tamanhos muito variados. Esta diferenciação existe também em relação à disponibilidade de equipamentos e às características dos espaços políticos que reúnem as condições essenciais para que a cidadania seja exercida. Esta relação entre a existência formal de um direito e as possibilidades de exercê-lo em um território concreto propõe à geografia refletir sobre a mediação do espaço que se impõe ao conceito de cidadania, uma vez que mesmo sob as bases legais da isonomia na escala nacional a lei não é capaz, por si só, de garantir igualdade de acesso aos direitos na escala do cotidiano dos cidadãos. Cabe então à geografia política indagar de que modo o território expressa o exercício concreto da cidadania e, no Brasil, se é possível falar em uma cidadania territorialmente desigual e como indicar as raízes desta desigualdade.

Distribuição regional de recursos institucionais

Em um estudo sobre os padrões de distribuição de recursos institucionais à disposição da sociedade nos municípios do país foi demonstrado que a resistente desigualdade é um fator interveniente de peso, quando se trata das possibilidades de ampliar ou de acessar os direitos sociais (Castro, 2003, e Rodrigues, 2004). Foram utilizadas informações capazes de revelar as potencialidades da ação dos atores locais e o modo como estes podem afetar as características estruturais do sistema social e expressar-se no território. Foram analisadas algumas características dos *conselhos* e *consórcios municipais*, novos recursos institucionais colocados à disposição das sociedades e dos governos locais a partir do processo de descentralização iniciado com a Constituição de 1988, além de informações sobre alguns dos aparatos institucionais para oferta de serviços e de políticas sociais que favorecem a cidadania, como: programa de geração de trabalho e renda, capacitação profissional, delegacia de mulheres, juizado de pequenas causas, conselho tutelar e guarda municipal.

Os conselhos municipais foram definidos na Constituição de 1988, tendo sido institucionalizados e difundidos nos anos 90. Estes são canais institucionais que possibilitam maior controle sobre as atribuições das prefeituras e ampliam a participação da sociedade. Eles têm as seguintes características: são temáticos, ou seja, ligados a políticas sociais específicas, como educação, saúde, emprego, infância etc., prevêem a participação voluntária de representantes de organizações sociais da sociedade civil, são deliberativos, abrangentes e permanentes, ou seja, nas temáticas às quais estão vinculados, os conselhos incidem sobre todo o circuito de gestão de uma política pública, desde a formulação até a sua implementação (Gohn, 1998). Apesar da obrigatoriedade legal de instalação dos conselhos em todos os níveis da federação, não há um padrão de funcionamento, e as diferenças podem ser consideradas como indicadores das condições de mobilização e participação da sociedade local. Os consórcios são anteriores àquela Constituição, mas foram por ela regulamentados. Eles propiciam a associação entre municípios para otimizar recursos escassos, seja para prestar serviços à população, seja para melhorar as condições de infra-estrutura ou para as atividades econômicas. Neste sentido, enquanto os conselhos são importantes por possibilitar a expressão das potencialidades de mobilização da sociedade civil, os consórcios propiciam a organização e a cooperação horizontais e fortalecem os vínculos interinstitucionais na sociedade local, melhorando as condições de cooperação e de redução das desigualdades.

As diferenças regionais, encontradas nas distribuições dos recursos analisados, obrigam a refletir sobre a recorrência do problema das condições históricas de ocupação do território brasileiro. A diferença entre o Sul, muito mais bem equipado, mesmo em municípios pequenos e pobres, e o Norte e Nordeste é bastante sugestiva das diferenças do processo histórico de ocupação em cada uma destas regiões. Acredito que a maior participação social nos municípios localizados na primeira região, em contraste com a fraqueza nas duas outras, reflete as marcas daquelas condições de ocupação que produziram mais vínculos sociais horizontais no Sul e mais vínculos verticais no Norte e no Nordeste. Para o significado destes vínculos recorro a Putnam (1996), para quem os vínculos verticais são de dependência e exploração e resultam das estratégias de sobrevivência das camadas mais pobres em condições históricas de sociedades civis pouco organizadas, comandadas por atores sociais investidos de autoridade e que ocupam espaços de poder abertos pela fragilidade administrativa e judicial do Estado. A imagem de verticalidade decorre da imposição de cima para baixo das regras e normas de reprodução social. No caso particular de muitos municípios da Região Nordeste, sugiro que a institucionalidade desses vínculos tem conseqüências sobre as condições precárias da participação social na região. Os vínculos horizontais, ao contrário, são aqueles capazes de criar e fortalecer instituições que favorecem a organização de interesses na base da sociedade. Esses vínculos criam as condições favoráveis à cooperação e à competição e possibilitam as ações estruturantes nas quais a igualdade política, a solidariedade, a confiança e a tolerância são essenciais. As condições originais de ocupação da Região Sul, marcadas pelo isolamento físico, pela organização fundiária em pequenas propriedades, pelo trabalho familiar e pela necessidade de solidariedade para a solução de problemas comuns frente à ausência de serviços que deveriam ser prestados pelo Estado, produziram as condições sociais favoráveis à participação social, sobretudo nos territórios destinados aos imigrantes estrangeiros, atraídos pelas possibilidades de acesso à terra e ao trabalho livre.

Há vasta literatura histórica, geográfica e sociológica sobre esta dimensão da diferença regional no país e não é necessário recuperar estas informações, bastante conhecidas. O sentido de apresentá-las de forma tão sintética é apontar uma direção possível para a interpretação da localização como uma das condições das diferenças encontradas entre os municípios. Esta direção permite recuperar de forma mais apropriada a questão da localização e o processo histórico que dá sentido aos lugares.

O problema da exceção

Os resultados das informações sobre os consórcio municipais (no caso analisado, os de saúde) nos trabalhos indicados revelaram no recorte federativo de Minas Gerais um padrão muito mais próximo daquele encontrado na Região Sul e bem acima do que seria esperado numa unidade da federação cuja história da ocupação do território se fez a partir do ciclo escravocrata de mineração do ouro e do diamante, da expansão da pecuária pelas vastas extensões do interior e da cana-de-açúcar na Zona da Mata. Afinal, este processo histórico foi bem diferente daquele ocorrido nas áreas de ocupação reservadas aos imigrantes estrangeiros do Sul do país, tendo muito mais semelhanças com aquele do Nordeste brasileiro. Neste sentido, não é possível atribuir à força dos vínculos sociais horizontais em Minas Gerais uma maior predisposição para a associação e busca de parcerias entre as prefeituras do estado. Na realidade, os dados revelaram o resultado de uma ação deliberada de governo, de implementar uma política pública de saúde, escolhendo como estratégia o estímulo e o apoio aos *consórcios municipais de saúde*. Esta política pública foi implementada no período 1994-1998, com apoio do Ministério da Saúde e da Organização Mundial da Saúde — OMS. A concentração deste tipo de recurso institucional em Minas Gerais é, neste sentido, um bom exemplo das possibilidades do desiderato político e suas repercussões sobre o território. Esta condição aponta os limites explicativos do processo histórico como uma causalidade exclusiva para o desenvolvimento institucional e reforça a complexidade do leque de ações possíveis para a construção de espaços sociais e políticos.

Assim, retomamos a suposição explicitada no início sobre a necessidade de a isonomia da norma legal confrontar-se com instituições que se territorializam e, nesta condição, atuam de modo desigual em territórios socialmente diferenciados. Mesmo que os recursos institucionais de participação e de controle da gestão do poder público colocados à disposição da sociedade sejam os mesmos, as formas de apropriação destes recursos pelas sociedades locais são diferenciadas, e, conseqüentemente, os resultados alcançados são muito diferentes.

No caso brasileiro, as instituições colocadas à disposição da sociedade local possuem um conteúdo significativo. Seus modos de funcionamento e de organização encontram-se demarcados tanto pelos limites municipais — base legal da estrutura federativa do país — como pelo ambiente criado ao longo da história. Mas o município é também um espaço político importante como distrito eleitoral formal para vereadores e prefeitos e informal para deputados federais e para os governadores. Essas condições certamente afetam tanto a existência como a eficácia daqueles recursos institucionais, mesmo se muitos dos conselhos municipais podem ser cooptados e colocados a serviço de grupos políticos dominantes locais (Costa, 2002). No entanto, se admitimos que não há evidência de que esta é uma faceta particular da realidade de toda política local no país, a perspectiva do conjunto do território nacional pode ser útil. Esta torna possível perceber a articulação entre as escalas local, regional e nacional e acrescentar novos elementos para a análise das desigualdades que ultrapassam os limites dos particularismos ou de um determinismo estrutural. Nesse sentido, o padrão regional de distribuição dos recursos institucionais no universo dos municípios, quando se consideram os vínculos sociais produzidos pelos contextos de tempo e de espaço diferentes, sugere que há no país localizações que engendram atores mais favoráveis à eqüidade do que outras.

Capítulo 6

O sistema internacional contemporâneo: globalização e organizações supranacionais

A escala global é a questão central nesta última parte. Mesmo se na maioria dos manuais contemporâneos de geografia política os problemas internacionais são privilegiados, a decisão de colocá-los por último resulta de uma opção metodológica de ver a realidade como um encaixamento de escalas (Castro, 1995). A escala político-territorial do Estado-nação, privilegiada nos capítulos anteriores, foi uma escolha didática porque esta é uma etapa importante para compreender a escala global. Neste sentido, vir no fim não significa importância menor, mas apenas coerência com o próprio processo histórico de construção dos espaços políticos da escala global.

Este capítulo se propõe a apresentar as discussões sobre a organização do espaço mundial e os processos que afetam e são afetados por esta organização. Deve ser esclarecido, porém, que frente às mudanças das últimas décadas do século que se encerrou e às incertezas por elas impostas não há conhecimento acabado sobre o tema, e todo e qualquer cenário é provisório, mesmo que com apoio de uma respeitável literatura.

Obedecendo à proposta deste trabalho de apresentar uma geografia política que interpreta o espaço como uma complexa arena de interesses não redutíveis aos atores econômicos e aos conflitos produtivos, que obedecem à lógica econômica, procura-se compreender também os conflitos distributivos que se organizam a partir da lógica das relações de poder das instituições políticas. Estes dois conflitos se reproduzem também na escala global e são comandados pelos atores característicos desta escala.

Este capítulo possui três partes. Na primeira, trato do problema globalização, cujas muitas dimensões e ubiqüidade contemporânea fazem dele uma questão inescapável para o espaço e para as sociedades, onde quer que elas estejam localizadas. Na segunda, analiso os paradoxos da globalização e a polêmica em torno dela, especialmente o papel desempenhado pelos Estados nacionais na formação de um sistema global. Na terceira, apresento algumas características do novo sistema internacional e as perspectivas de um processo de constituição de um espaço público político global.

A globalização como problema

Não é mais possível analisar o mundo, sob quaisquer dimensões, sem referência ao fenômeno da globalização.

De tão difundido e repetido, não é de estranhar que o conceito nem sempre seja claro pela dificuldade de distinguir o que são os componentes econômicos do processo daqueles políticos, sociais e culturais. O problema, me parece, se refere também às escalas que devem ser distintas para cada um destes aspectos; não é pois possível pensar o mundo isolado das muitas e diferentes partes do seu todo, que configuram a sua real complexidade. Como o objetivo aqui é discutir o significado das relações políticas no espaço, não é possível aceitar a redução da política à lógica econômica por considerar esta redução um obstáculo à compreensão das múltiplas características e possibilidades analíticas da vida social. Felizmente, esta redução não mais resiste à complexidade do mundo atual que alimenta a profusão do debate acadêmico.

Porém, para entender as implicações políticas da globalização, é preciso ter em vista o que se entende quando se usa o vocábulo. Numa definição restrita, é possível considerar a globalização como o processo que torna toda a extensão do planeta um espaço. Este processo, na realidade, não é recente, e a maioria dos pesquisadores está de acordo, mas acelerou-se após a década de 1970 com os avanços tecnológicos aplicados à informática e às telecomunicações e a maior disponibilidade do seu uso nas muitas esferas da vida social. Esta é a circunstância capaz de trazer questões novas para a geografia política, ou seja, os efeitos dessas mudanças sobre a política e o seu espaço. No entanto, as maiores polêmicas sobre a globalização giram em torno do capital financeiro e das grandes corporações, e do modo como ambos vêm utilizando a seu favor estes avanços, submetendo cada vez mais outras esferas da vida social. Como esta vertente economicista tem sido a mais visível, sintetizo a seguir os termos mais importantes do debate.

Estes podem ser resumidos aos dois pólos que opõem a existência ou não de uma economia global e a ação ou a desaparição do Estado-nação. O debate se dá em torno das muitas conseqüências de um ou de outro e das perspectivas favoráveis ou desfavoráveis dos efeitos das mudanças carreadas pela globalização na submissão dos lugares e do cotidiano dos seus habitantes. Estes campos de discussão, e seus muitos desdobramentos temáticos, porém, têm alimentado discussões recentes nas ciências sociais que vão muito além da redução aos problemas econômicos e refletem sobre a importância da tecnologia da informação para a redefinição dos comportamentos políticos e para a democracia. Numa perspectiva geográfica, trata-se de visualizar as condições de surgimento de uma escala cosmopolita, global, e seus meios de interação com as tradicionais — locais, regionais, nacionais e continentais. Nos limites deste trabalho, abordo de modo muito sintético algumas dessas oposições.

Uma primeira oposição refere-se à existência de uma economia global. Portanto, ainda não há consenso de que ela realmente exista. Stephen Cohen, citado por Castells (2000a:115), observa que

> a economia internacional *ainda* não é global. Os mercados, mesmo os estratégicos e as maiores empresas, ainda estão

> longe de ser totalmente integrados; os fluxos de capital são limitados pelos regulamentos monetários e bancários (embora [haja] crescente tendência a driblar esses regulamentos); a mobilidade da mão-de-obra é prejudicada pelos controles da imigração e pela xenofobia, e cada empresa multinacional ainda mantém a maior parte dos seus ativos e o centro de comando estratégico no país historicamente definido como sua "terra natal".

Então, esta linha de argumentação considera simplista a tese da globalização, como a imposição de uma economia que submete todo o planeta e "ignora a persistência do Estado-nação e o papel importantíssimo do governo na definição da estrutura e da dinâmica da nova economia (...)".

Para Castells (2000a:87), no entanto, existe uma economia informacional e global. O papel da informatização para o surgimento desta nova economia, capaz de funcionar em escala global, é decisivo. Ele a chama de economia informacional "porque a produtividade e a competitividade de unidades ou agentes nessa economia (sejam empresas, regiões ou nações) dependem basicamente de sua capacidade de gerar, processar e aplicar de forma eficiente a informação baseada em conhecimento". E, acrescenta, ela é também global porque seus componentes e agentes estão organizados nesta escala. Para ele, "sob novas condições históricas, a produtividade é gerada e a concorrência é feita em uma rede global de interação".

Castells, embora considere sensatas as observações de Cohen, que ele cita, é partidário da tese de que existe efetivamente uma economia global como uma nova realidade histórica, diferente de uma economia mundial. Os termos da polêmica estão postos e a confusão, ao que parece, está em não considerar suficientemente os atores políticos e suas razões em cada uma das diferentes escalas que viabilizam os seus interesses. Neste sentido, as teses simplistas sobre a globalização são sempre fundamentadas apenas na economia, tomando-a como um sistema independente e autônomo frente à racionalidade de outros atores sociais. Como não é possível reduzir a lógica do político à lógica do econômico, é preciso ter sempre em mente o ponto de partida ontológico da multiplicidade de agentes e fatores na gênese da globalização.

Na outra polaridade encontra-se a dimensão política desta nova economia, no que Castells (2000:107) chama de repolitização do capital informacional, caracterizada pela "nova forma de intervenção estatal na economia [que] une, em sua estratégia explícita, a competitividade, a produtividade e a tecnologia". No entanto, para o próprio autor, "o controle do Estado sobre o tempo e o espaço (sociais) vem sendo sobrepujado pelos fluxos globais de capital, de produtos, serviços, tecnologia, comunicação e informação" (Castells, 2000b:286). Portanto, se há consenso sobre a importância da tecnologia e da informatização para uma ação ampliada das empresas, não há consenso sobre a existência de uma *economia global*, que implicaria um outro conceito, nem da submissão da política a ela.

Dentro da linha da ausência de consenso, proponho aqui seguir os argumentos de Giddens (2000a:17-29) sobre os debates que opõem perspectivas políticas e econômicas do fenômeno. Para ele, a idéia de globalização sugere a tese de que o mundo tornou-se único, no entanto ele acrescenta a falta de consenso entre os intelectuais que se debruçam sobre o tema e que podem apresentar opiniões diametralmente opostas. Nos dois extremos encontram-se aqueles que questionam tudo que a ela se refere, que o autor citado chama de *céticos,* e os que assumem posição bem diferente, que ele chama de *radicais*.

Para os *céticos,* a economia global não é muito diferente da que existiu em períodos anteriores. Para eles, a maioria dos países obtém suas receitas muito mais das transações internas do que do comércio exterior. Como exemplo eles apontam a União Européia e outros blocos comerciais importantes, como a Ásia do Pacífico ou da América do Norte. Acrescentam ainda que a noção de globalização é uma ideologia espalhada por adeptos do livre mercado que desejam demolir os sistemas de previdência social e reduzir as despesas do Estado, fazendo crer na superação de ambos nas novas condições de competição entre as empresas. Para Giddens, esses céticos tendem a se situar na esquerda política, sobretudo na velha esquerda, que defende a preservação do Estado nacional e sua responsabilidade sobre a proteção do trabalho e sobre as políticas de Bem-Estar, nos moldes institucionais que garantiram esta função estatal após a Segunda Guerra Mundial.

Os *radicais*, ao contrário, afirmam que não só a globalização é muito real como suas conseqüências podem ser sentidas em toda parte. Para eles, o mercado global está muito mais desenvolvido do que o foi nas décadas de 1960 e 1970 e é indiferente às fronteiras nacionais. As nações não são mais soberanas, e os políticos não têm mais capacidade de influenciar os acontecimentos. A era do Estado-nação está encerrada, declaram, e as nações tornaram-se meras ficções. Esses radicais são os arautos de posições que reconhecem que nada há a fazer contra a globalização. Por mais estranho que pareça, aqui há um ponto de encontro entre a velha direita e a nova esquerda; a primeira defende que todos devem se adaptar e tirar os proveitos possíveis dela, e a segunda vislumbra os cenários de uma nova ordem social global comandada pelas redes, pelas metrópoles, pelos lugares etc.

Preocupado em ir além das questões postas a partir da esfera da economia, Giddens ressalta que nem os céticos nem os radicais compreenderam exatamente o que é a globalização e suas implicações mais profundas para a vida em sociedade. Como ambos os grupos vêem o fenômeno quase que exclusivamente em termos econômicos, os aspectos políticos, tecnológicos e culturais acabam sendo negligenciados. Neste sentido, ele afirma que a globalização, tal como está sendo experimentada, é, sob certos aspectos, não apenas nova, mas também revolucionária. Desse modo, não é possível pensar no Estado-nação sem mudanças, mas, ao mesmo tempo, ainda não surgiu um outro modelo institucional para substituí-lo, portanto não é possível também afirmar a sua superação e deixar de pensar nele.

Entre as forças propulsoras destas transformações a influência econômica é evidente, principalmente o sistema financeiro global; no entanto, como ressalta Giddens, esta não é como uma força da natureza. Na realidade, as mudanças foram moldadas pela tecnologia e pela difusão, mas também pelas decisões tomadas pelos governos para liberalizar e desregulamentar suas economias nacionais. Porém, na perspectiva daqueles estruturalistas mais radicais que vêem a globalização como um processo comandado única e exclusivamente pelos interesses dos atores econômicos, estas medidas representam muito mais a rendição dos governos do que uma estratégia política. Com relação aos Estados nacionais, é verdade que eles perderam o poder financeiro de antes e as economias nacionais hoje são mais fracas e vulneráveis frente às disputas de interesses na arena global. Contudo, as dimensões políticas e culturais que são afetadas pela globalização, paralelamente, fazem surgir novas pressões que emergem das identidades culturais em várias partes do mundo e estimulam movimentos sociais e políticos por autonomia local, mas que têm também propiciado a revalorização das identidades nacionais. É importante ter em mente que o processo de globalização não homogeneizou o mundo, mas requalificou escalas de identidade.

Os que perdem e os que ganham

A face mais dura das mudanças contemporâneas, como aliás em todos os processos de mudanças, é percebida na dimensão econômica da globalização ou nos seus efeitos, como o cenário onde se debatem tanto os perdedores como os vitoriosos, desenhado pela articulação do global com o local. Estes correspondem ao que a geografia aponta como os lugares que ganham e os que perdem com o processo, ou os *luminosos* e os *opacos*. É interessante perceber no movimento de ganhadores e perdedores os novos ingredientes que são fermentados nos velhos regionalismos. Enquanto os lugares que perdem, os *opacos*, lutam para obter novas políticas distributivas, seja na escala nacional, seja na global, os que ganham, os *luminosos*, lutam para que estas políticas não sejam incrementadas.

Esta luta expressa o conflito de interesses regionalmente estabelecidos e compõe uma nova agenda dos regionalismos das regiões que se beneficiam dos novos paradigmas tecnológicos e que lutam contra a isonomia inerente ao Estado nacional e suas intervenções para reduzir desequilíbrios regionais. Este é o caso das regiões ricas de alguns países europeus, como a Emília Romana, na Itália, e a Catalunha e o País Basco, na Espanha, e a região de Flandres, na Bélgica. A luta aqui é contra as ações compensatórias no território que o Estado é chamado a realizar e não contra o Estado como instituição, e pode mesmo, em alguns casos, reivindicar o separatismo para a criação de um novo Estado. Nas regiões perdedoras, a luta é no sentido de reivindicar essas ações compensatórias e de fazer entrar na agenda política do Estado as suas reivindicações para forçá-lo a alocações favoráveis ao desenvolvimento regional.

Estes regionalismos que, em alguns casos, tornam-se nacionalismos locais brotam como uma resposta a tendências globalizantes, pressionam os Estados nacionais mais antigos e podem enfraquecê-los; este é o caso dos movimentos separatistas do Québec ou da Escócia. Porém, para o próprio Estado-nação, a necessidade de organizar o território para tirar vantagens da competitividade imposta pela globalização repercute também na decisão de criar novas zonas econômicas e culturais dentro e através das nações, como a região em torno de Hong Kong, o Norte da Itália e o Vale do Silício, na Califórnia, ou ainda a região em torno de Barcelona e todo o País Basco, na Espanha.

Nesta polêmica, é interessante pensar na dimensão epistemológica das ciências sociais e na importância da perspectiva do retorno do *ator*, ou seja, daquelas decisões que escapam da determinação estrutural e contribuem para fazer alterar a própria estrutura. Ainda para Giddens e Pierson (2000), os avanços tecnológicos das telecomunicações que estão por trás da nova economia eletrônica global e dão suporte à circulação financeira ampliada alteram também a própria estrutura do cotidiano das pessoas no mundo. Neste sentido, não é possível pensar a globalização apenas a partir da determinação estrutural dos grandes sistemas, como o da ordem financeira mundial. Na realidade, o processo não é singular, mas, ao contrário, reúne um conjunto contraditório de processos que operam de maneira contraditória ou antagônica e afetam o sistema político e o território. Cada setor das sociedades contemporâneas vem se apropriando desses avanços das telecomunicações para fazer avançarem suas próprias condições de reprodução, seja na economia, seja na cultura, seja na política.

Neste sentido, cabe indagar que perguntas a geografia política deve fazer à globalização. Se concordamos que não é possível fazer geografia política sem considerar os interesses de múltiplos atores sociais e que a lógica da política não se reduz à lógica econômica, um amplo leque de questões, bem mais interessantes do que a monocórdia discussão sobre a circulação do capital financeiro ou os interesses das grandes corporações, se abre.

Perguntas necessárias devem ser formuladas sobre as formas que assumem as resistências interpostas pelas *iconografias*, no sentido estabelecido por Gottmann, à emergência do novo trazido pela força da *circulação*, como a globalização, não apenas do capital, mas também da informação e da comunicação. Afinal, a globalização cria inevitavelmente pressões sobre as configurações espaciais preexistentes. Estas pressões resultam em tensões na disputa de interesses políticos nas novas escalas concorrenciais àquela do Estado nacional. No nível subnacional, a sociedade civil é chamada cada vez mais a se organizar e tentar criar soluções para problemas imediatos, reorganizando seus espaços do cotidiano, reconfigurando politicamente os lugares, criando novas escalas e alterando a própria agenda política do Estado; no plano internacional, os próprios Estados se organizam e buscam criar novas instituições que permitam a interlocução supranacional.

As dimensões da globalização

Nos debates contemporâneos sobre a escala global dois elementos da modernidade são confrontados — a economia capitalista e o sistema de Estados-nações. Para Giddens (1991:68-69), a primeira tem sido uma das grandes bases institucionais a promover a aceleração e a expansão das instituições modernas juntamente com o segundo. No entanto, estas instituições não podem ser explicadas em termos apenas do empreendimento capitalista, por mais convergentes que tenham sido, por vezes, o interesse dos Estados e a prosperidade capitalista. Na realidade, ambos são dimensões do sistema internacional e da globalização, sendo a interação dialética entre eles que confere à modernidade uma dimensão nova na relação tempo-espaço.

Transcrevo a seguir as quatro dimensões do sistema da globalização proposto por Giddens. Nestas, além dos sistemas dos Estados-nações, há uma dimensão que lhes é inerente, que é a ordem militar, e outra inerente à economia capitalista, que é a divisão internacional do trabalho.

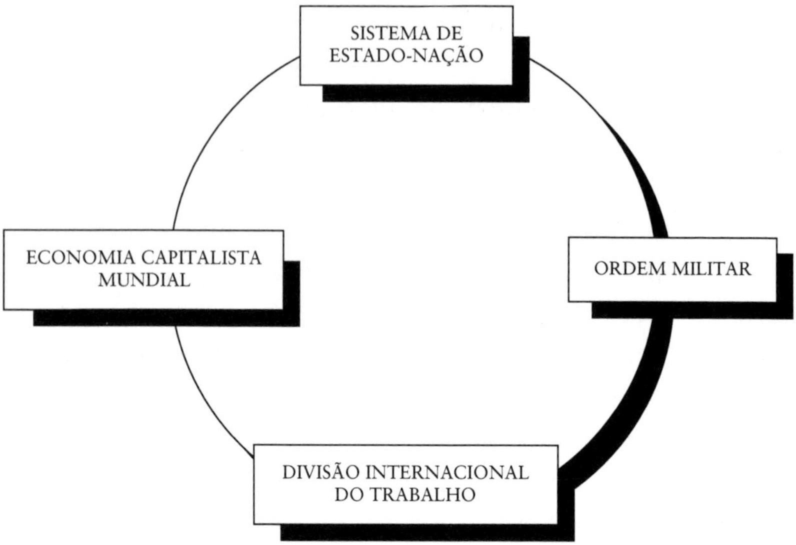

Fonte: Giddens (1991:76).

Para o autor, a estrutura conceitual do distanciamento tempo-espaço chama a atenção para as complexas relações entre *envolvimentos locais* (circunstâncias de co-presença) e *interação através de distância* (as conexões de presença e ausência propiciadas pelas redes). Na atualidade, o nível de distanciamento, ou de separação, tempo-espaço é muito maior que em qualquer período precedente, e as relações entre formas sociais e eventos locais e distantes se tornam correspondentemente "alongadas", ou seja, os contextos sociais não mais se explicam apenas pela co-presença. As telecomunicações, pelas novas possibilidades de trocas simbólicas a distância, constituem um recurso fundamental para este "alongamento". A globalização se refere pois essencialmente a este processo de "alongamento" na medida em que as modalidades de conexão entre diferentes regiões ou contextos sociais se enredaram através da superfície da Terra como um todo. A globalização pode assim ser definida como a intensificação das relações sociais em escala mundial.

É evidente que muitos dos debates sobre a globalização têm se concentrado sobre as suas implicações para os Estados-nação. A questão que se coloca é se estas instituições políticas de base territorial e os seus líderes políticos nacionais dispõem ainda de alguma força para moldar o mundo. Giddens responde que eles continuam poderosos e os líderes políticos ainda têm um papel a desempenhar no mundo. Contudo, o Estado-nação está se transformando. A política econômica nacional é menos eficaz hoje do que foi no passado, e as formas mais antigas de geopolítica, apoiadas em certo tipo de nacionalismo, estão ultrapassadas. As nações enfrentam hoje mais riscos e perigos provenientes das transformações em sua própria natureza do que inimigos.

Outra pergunta que a geografia política deve fazer à globalização é, portanto, que novos marcos institucionais estão sendo gestados no confronto contemporâneo entre as forças da *circulação* — do capital e das informações — e as da *iconografia* — os Estados, os nacionalismos, os regionalismos, as identidades de todo o tipo, inclusive étnicas e religiosas, para a reconfiguração do espaço.

Rearranjos no novo cenário globalizado

O novo cenário globalizado vem impondo rearranjos nos diferentes subsistemas que compõem os sistemas sociais econômicos e políticos da atualidade. Apesar das dificuldades de uma classificação, serão separados, para fins de clareza de posições, o conjunto de elementos e instituições que constituem a base material e a dinâmica decisória desse sistema. Para cada um deles — capital, empresa, mercado, trabalho, Estado e território — sintetizarei os rearranjos espaciais básicos a que foram submetidos pela lógica do processo de globalização.

O primeiro, o *capital*, é sem dúvida um agente fundamental, mas é preciso qualificá-lo, porque há diferenças e mesmo competição e conflito entre seus diversos tipos. Na realidade, foi o capital financeiro o primeiro grande beneficiário e usuário do avanço tecnológico da microeletrônica aplicada às telecomunicações. Progressivamente, a possibilidade de transações financeiras em tempo real tornou a atmosfera congestionada pelo fluxo diário de milhões de dólares nas vias cibernéticas globais:

> Durante um dia em Londres, é negociado um montante de divisas correspondente ao PIB mexicano de um ano inteiro. Em um dia e meio, os traficantes de divisas vendem e compram o equivalente ao PIB anual do Brasil. Outro novo aspecto deste processo é o crescimento das transações de capital que hoje superam, mesmo nos países mais ricos, as transações com mercadorias (Therborn, 1995:44).

O capital financeiro conseguiu descolar uma parte, cada vez mais importante, da sua base material, ou seja, a mercadoria. A criação de papéis, cada vez mais sofisticados e complexos, permite tanto esta independência como a lavagem de dinheiro das drogas, do caixa dois das empresas e da corrupção. Este capital especulativo global alimenta-se da velocidade das transações e das possibilidades de fluir para onde as taxas de retorno são mais vantajosas, ou mesmo para onde o sigilo é garantido por normas do próprio Estado para o seu sistema bancário — como é o caso da Suíça, mais antigo, e dos paraísos fiscais, mais recentes. Quaisquer barreiras de leis ou de normas restritivas nos mercados financeiros são obstáculos à sua circulação. É este o capital que comprimiu como nunca o tempo e o espaço, que se desterritorializa e pressiona para o fim de toda e qualquer barreira representada por fronteiras nacionais e regulamentos de governos que reduzam a sua fluidez. Mas, atenção, o controle dos fluxos deste capital pelo governo da Malásia deve ser sempre ponderado frente a qualquer perspectiva de uma determinação radical do sistema financeiro internacional.

O capital produtivo possui outras características. Sua vinculação com o território é evidente; para ele o globo nunca foi tão grande e disponível. As possibilidades logísticas e estratégicas de planejar a produção, aproveitando as vantagens locacionais de uma enorme multiplicidade de lugares, e as possibilidades abertas pela tecnologia e pela organização flexível ampliaram enormemente as escolhas para a localização da produção. Este espaço produtivo internacionalizado propicia a libertação das pesadas normas e tributos impostos pelos governos nacionais sobre as matrizes das grandes empresas, o que torna este capital cada vez mais desnacionalizado. Ao mesmo tempo, fusões de empresas, ampliação do mercado acionário, ampliação da participação dos recursos oriundos de fundos de pensão despersonalizam este capital, criando uma situação de capitalismo sem a figura emblemática do capitalista. Os níveis decisórios são mais complexos e não dependem mais do talento ou das ligações políticas de um indivíduo apenas. Porém, atenção também aqui, as grandes corporações multinacionais ainda não abriram mão das suas nacionalidades de origem, que lhes garantem proteção, mesmo que velada, em disputas interestatais.

No entanto, este não é ainda o melhor dos mundos para o capital produtivo. Embora as possibilidades territoriais para suas estratégias empresariais tenham se ampliado, as duras regras da competitividade internacional impõem pesadas exigências de contínuo avanço tecnológico e flexibilização, o que limita a disponibilidade de territórios onde existam as condições que garantam níveis ótimos de competitividade.

Por outro lado, o aparato institucional do Estado define uma forma de mediação através das normas que ele estabelece para o território que configura o que podemos chamar de paradoxos da globalização. Na realidade, há aqui importante diferença entre o capital financeiro e o capital produtivo com relação às restrições normativas do espaço para a sua acumulação e reprodução. Enquanto o primeiro requer o máximo de liberdade para circular, mesmo se ele não circula no vazio, o segundo precisa, para se instalar, de normas claras que lhe garantam o direito de propriedade, a segurança e a aquiescência às rotinas do trabalho viabilizadas pela disciplina da mão-de-obra. O esquema abaixo resume estas condições:

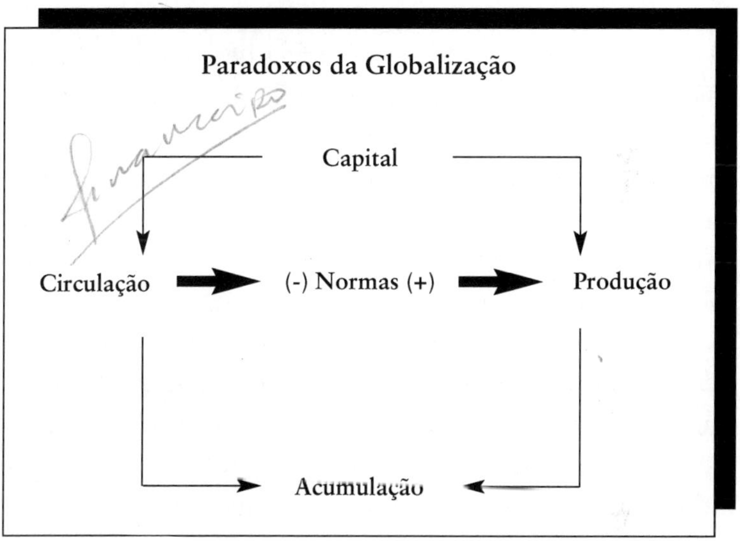

Paradoxos da Globalização

O segundo elemento considerado é a empresa, que desempenha um papel estratégico com fortes vínculos territoriais. A separação entre capital produtivo e empresas foi apenas didática para estabelecer pontos de diferenciação com o capital financeiro. Na realidade, a globalização, como efeito do novo paradigma tecnológico do qual o capital financeiro e as empresas de organização flexível foram os primeiros a se beneficiar, atua de modo dinâmico na redefinição do tamanho das empresas, nos tipos de produtos, nas novas parcerias. Contraditoriamente, fusões e terceirização caminham em paralelo. Ambas se fazem para garantir competitividade. No primeiro caso, encontra-se a competição tecnológica, e, no segundo, a de eficiência. Nesta nova dinâmica, tamanho não é documento, o que abre espaço para empresas pequenas e competitivas ao lado de enormes conglomerados resultantes de fusões. O Vale do Silício, nos Estados Unidos, e a Emília Romana, na Itália, são exemplos destas novas possibilidades para as pequenas empresas e dos espaços que resultam desta nova dinâmica. No Brasil, pequenos plantadores de soja do oeste do Paraná se organizam em cooperativas para fazer frente à competição dos grandes produtores do Centro-Oeste.

A garantia dos padrões de competitividade das empresas globalizadas depende ainda de sua capacidade inovadora, o que lhes impõe a necessidade de pesados investimentos em pesquisa e desenvolvimento. Associadas ou individualmente, elas hoje investem cada vez mais em pesquisa científica, e em alguns casos ultrapassam os governos, o que reforça seus trunfos nas transações. A corrida pela inovação afeta pois tanto as empresas tradicionais como as empresas novas. As novas regras do jogo são draconianas e não perdoam indecisões e lentidão. Se a periferia do mundo capitalista entra, como sempre, menos armada no jogo internacional, empresas tradicionais e aparentemente sólidas pelo faturamento e apoio político mostram-se também vulneráveis.

Como estratégia nesta corrida, a terceirização possibilita maior flexibilidade e garante maior eficiência pela organização de uma logística de decomposição das etapas da produção, segundo regras da eficiência e velocidade, e sua recomposição de acordo com as demandas do mercado. Esta estratégia tem importantes efeitos sobre o território, como veremos mais adiante.

O terceiro elemento aqui considerado, o mercado, é a instituição central do processo de globalização. Um dado fundamental é a evidência de que o mercado se tornou mundial. Isto não quer dizer que tombaram os muros das fronteiras nacionais ou dos protecionismos, mas que nunca tantos produtos cruzaram oceanos e continentes. A ampliação da produção mundial, a monetarização de todas as sociedades, a ideologia do individualismo possessivo capitalista, assimilada mesmo pelos mais pobres devido à oferta de uma massa de produtos baratos que facilitam o cotidiano, ou nem tanto, permitiram enorme dinamismo às trocas nacionais e internacionais. As barreiras estabelecidas pelos novos blocos nacionais ou pelos acordos comerciais visam mais a normatizar a competição em favor dos interesses comerciais particulares de cada país do que bloquear esta circulação. É pois no mercado, e nas expectativas de consumo que ele propicia, que se materializa a globalização. Vestir seda chinesa, produzida em teares computadorizados, andar em carros japoneses, produzidos por robôs, presentear os filhos com brinquedos de Taiwan, beber cerveja holandesa, comer massa italiana, tomar vinho chileno, ou mesmo francês, têm feito a alegria da classe média espalhada pelo mundo e a opulência do comércio internacional. Paralelamente, nunca se copiou tanto e se falsificou tanto, para a alegria dos pobres, incorporados, mesmo que pela porta dos fundos, aos mercados globais.

Apesar da ampliação dos mercados, a globalização da economia e o crescimento dos fluxos de mercadorias reafirmam a não-uniformidade do espaço terrestre e dão visibilidade à sua heterogeneidade e à sua diversificação pela ação das sociedades que o modelam. E o mundo do trabalho revela bem estas diferenças.

O quarto elemento, o trabalho, é o sistema mais diretamente afetado, ao longo da história, pelas mudanças nos padrões produtivos com repercussões sociais mais visíveis. As novas regras da aceleração e da competitividade exigem uma mão-de-obra cada vez menos numerosa e cada vez mais qualificada. Este é, certamente, o setor mais estressado do processo pela necessidade de rapidez na reconversão do conhecimento para se adequar às novas rotinas do trabalho. Ao contrário das duas últimas décadas, a especialidade não é mais o trunfo do trabalhador, mas sim sua capacidade de rapidamente reconverter seu conhecimento e de participar na aventura competitiva da empresa. Esta é uma questão que se coloca principalmente para as regiões econômicas consolidadas e que não querem, e não podem, perder competitividade.

Porém, a necessidade de se manter competitivo revela as formas perversas de aproveitamento das diferenças. As empresas só se deslocam para locais onde coexistam mão-de-obra qualificada, barata e condições de infra-estrutura disponíveis à produção. Para este deslocamento a parceria com o poder regulador do Estado sobre o território é fundamental. Os casos da China, dos Tigres Asiáticos, do México ou mesmo do Brasil são ilustrativos. Assim como os muitos espaços de exclusão da África, da América Latina e da própria Ásia.

A dimensão política do trabalho tem sido também profundamente afetada. O trabalhador vem perdendo seu poder de barganha frente às possibilidades de deslocamentos da base produtiva e aos avanços tecnológicos poupadores de mão-de-obra. Na luta sindical, a busca por novos patamares de negociação para a preservação do emprego é hoje mais importante que a base salarial. As dificuldades do movimento são agravadas pela crise fiscal que ameaça a maior parte dos Estados onde uma sólida política de proteção do trabalhador — *Bem-Estar* — foi implantada, o que afeta estas políticas de proteção, entre elas o seguro-desemprego.

O momento é de insegurança para quase todos, são duras as reconversões de zonas industriais tradicionais, os sindicatos do Primeiro Mundo — sustentáculo do bem-sucedido projeto socialdemocrata que resultou no Estado do Bem-Estar — perdem poder de barganha diante da possibilidade de rápidas transferências de unidades de produção para onde a mão-de-obra qualificada e barata encontra-se disponível. Os trabalhadores participam do jogo: no Terceiro Mundo, com a manutenção dos baixos salários e das taxas de exclusão; no Primeiro Mundo, com perda do emprego e um seguro social cada vez mais inseguro.

Contraditoriamente, as disparidades no mundo do trabalho trazem outras conseqüências provocadas pelos fluxos de mão-de-obra que se deslocam para as bacias de empregos dos países centrais. Novos espaços políticos se organizam nos bairros onde se concentram os trabalhadores estrangeiros nas cidades desses países e, paralelamente, nos espaços de exclusão nas periferias e nas favelas das metrópoles do Terceiro Mundo. Ao mesmo tempo, o fluxo internacional do trabalho alimenta um outro tipo de fluxo financeiro, aquele das poupanças que são reenviadas para as famílias nos países de origem. Aos países que têm tido há algumas décadas seu PIB beneficiado por este fluxo, como Portugal, Marrocos, Turquia, México etc., junta-se agora também o Brasil.

O quinto elemento aqui considerado é o Estado, instituição do sistema, importante para a sua base infraestrutural e para a sua dinâmica decisória. Seu papel como aparato jurídico de gestão das sociedades e dos territórios ainda não está esgotado, apesar da crença contrária dos autores que adotam modelos de análise exclusivamente centrados nos conflitos produtivos, como já indicado. Embora algumas análises privilegiem o binômio que relaciona globalização com o enfraquecimento do Estado, o problema não parece tão simples e pode ser mais bem compreendido a partir do modelo proposto por Gottmann do enfrentamento das forças da *circulação* e da *iconografia*, como já foi descrito. Nesta perspectiva, o Estado moderno, que foi a instituição que nos séculos XVIII e XIX garantiu as condições necessárias às forças da *circulação* dentro do território nacional para o desenvolvimento do capitalismo, no período atual representa muito mais uma *iconografia*, ou seja, a resistência a essas forças da circulação, que no sistema capitalista contemporâneo se deslocaram para a escala global.

Além disso, a reestruturação da economia em escala global requer reajustes em todos os níveis das funções de instituições públicas e privadas. O Estado ainda estabelece as regras da disciplina do trabalho e da apropriação dos excedentes nos limites do seu território, embora seu papel dirigente na economia nacional esteja, na maior parte dos países, enfraquecido, o que faz a felicidade do liberalismo radical. Talvez, mais do que uma fraqueza do Estado, haja uma racionalidade cada vez mais privada de importantes segmentos das burocracias estatais em diversos países, embora esta racionalidade, por definição, devesse ser pública. Este é certamente um problema que resulta dos novos espaços políticos que se organizam em diferentes escalas com base nos diferentes laços de solidariedades decorrentes das mudanças contemporâneas. Aqui há, certamente, perguntas interessantes para as discussões na geografia política.

Na atualidade, o leque de possibilidades de alocações e de interesses abre novos espaços para negociações, e as instituições estatais ainda constituem interlocutores legitimados, pois, isoladamente ou em conjunto, as normas para os fluxos de capitais e mercadorias e para as alocações no território são por elas definidas. Embora o processo de globalização dê a impressão de que o espaço mundial ficou mais disponível, nunca as exigências de eficiência e produtividade foram tão severas e nunca as economias nacionais (pode-se ler também as empresas) foram tão protegidas, especialmente aquelas dos Estados ainda fortes o suficiente para fazê-lo. Nesse sentido, o capital só vai para onde estas exigências podem ser cumpridas, e cada estratégia de desenvolvimento nacional considera este fato.

Milton Santos (2000:77) também estava de acordo com este ponto quando afirmou que

> ao contrário do que se repete impunemente, o Estado continua forte, e prova disso é que nem as empresas transnacionais nem as instituições supranacionais dispõem de força normativa para impor, sozinhas, dentro de cada território, sua vontade política ou econômica (...). É o Estado nacional que, afinal, regula o mundo financeiro e constrói infraestruturas, atribuindo, assim, a grandes empresas escolhidas a condição de sua viabilidade.

São as intervenções do governo que produzem efeitos duradouros sobre a vantagem competitiva das nações quando direcionadas para melhorar a competitividade sistêmica, na medida em que criam um ambiente mais favorável para a operação das empresas: melhoria na infraestrutura social e econômica, qualificação dos recursos humanos, sistema de financiamento e tributário, estabilidade política. Portanto, embora o capital esteja livre para voar, é o Estado quem fornece as condições para o seu pouso, revalorizando o território para manter antigos investimentos ou para atrair novos. E os capitalistas das grandes empresas que não abrem mão dos vínculos nacionais da origem dos seus capitais sabem disso, melhor que muitos cientistas sociais ou geógrafos. Castells (2000a: 117) resume bem este ponto:

> (...) Por causa da persistência das nações e dos governos nacionais e devido ao papel dos governos que usam a concorrência econômica como ferramenta de estratégia política, é provável que fronteiras e separações entre as principais regiões econômicas continuem a existir por muito tempo, estabelecendo uma diferença regional na economia global.

O esquema adiante sintetiza a relação entre o papel regulador das instituições estatais, a globalização, que numa acepção mais restrita requer desregulamentação, e os efeitos de um e de outro sobre os lugares. No primeiro caso, temos a integração, e, no segundo, conflito e exclusão.

Uma questão importante na atualidade é que o espaço como arena do jogo político está ampliado e vai muito além dos limites da legitimidade das instituições políticas estatais. Daí ser tão importante a negociação entre numerosos interlocutores para quaisquer alocações, seja de interesse do capital, seja de interesse da sociedade. Neste sentido, o formato da inserção do nacional ao global se delineia nas suas relações com as organizações sindicais, nas opções de alianças políticas internas e externas, nas opções nacionais protecionistas ou competitivas. Conseqüências importantes

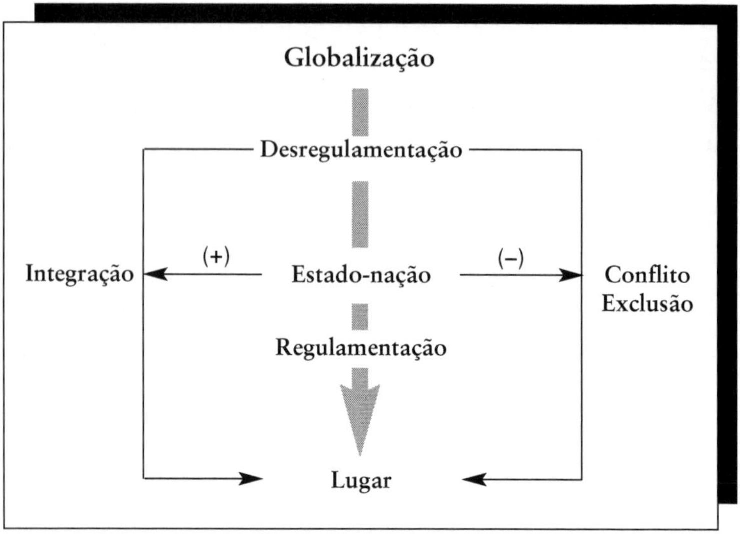

para os sistemas democráticos são sentidas, seja nos países e regiões onde a prática é mais antiga, seja nas novas democracias do Terceiro Mundo e do Leste da Europa.

Na realidade, se a propalada desnacionalização do capital tornou o mundo dos negócios menos ideológico, o apoio da nacionalidade que garante alguns interesses das empresas pode ter uma contrapartida cara em impostos e nas restrições da legislação sobre o trabalho e o meio ambiente. Por isso, a estratégia de fragmentar a produção por um novo e amplo quintal globalizado impõe novos patamares de negociações entre Estados e empresas, cuja decisão de localização final depende do desiderato das elites que os representam e do projeto de nação que elas têm em mente. É neste contexto que a escala do lugar adquire um papel importante e a representação local pode ampliar bastante o espaço da sua política.

Outros desdobramentos devem ser acrescentados às mudanças apontadas aqui. Na direção das transformações em curso pelo processo de globalização, os limites à hegemonia do poder do Estado-nação são disputados por um novo grupo de atores. Com a dissolução do "paradigma da Guerra Fria", o arsenal militar de defesa dos Estados encontra-se inadequado para enfrentar as novas questões de segurança e defesa mundial que emergem. As ameaças não vêm mais de outros Estados, mas sim de questões não militares, caracterizadas por riscos mais complexos, provocados por agentes difusos, como os desastres ambientais, o tráfico de drogas, a corrupção transnacional, o terrorismo etc., ou seja, no novo cenário internacional os Estados e suas nações enfrentam hoje mais riscos e perigos do que inimigos.

O sexto elemento do processo, o território, é a arena privilegiada dos conflitos e opções colocados pela globalização. Mesmo a escala mais local tem hoje possibilidades de articulação global. A acessibilidade à tecnologia diferencia cada vez mais os lugares, que podem ser hoje classificados como "rápidos" ou "lentos" (Toffler, 1990), ou *luminosos* ou *opacos*, como propôs Milton Santos. As vantagens locacionais continuam sendo importantes, apenas os seus conteúdos mudaram e, com eles, muitos lugares perderam sua posição numa hierarquia competitiva, tanto nacional como global. O esquema a seguir sintetiza a diferença entre os espaços de fluxos e os de lugares e a economia nacional, interposta entre as lógicas de uns e outros:

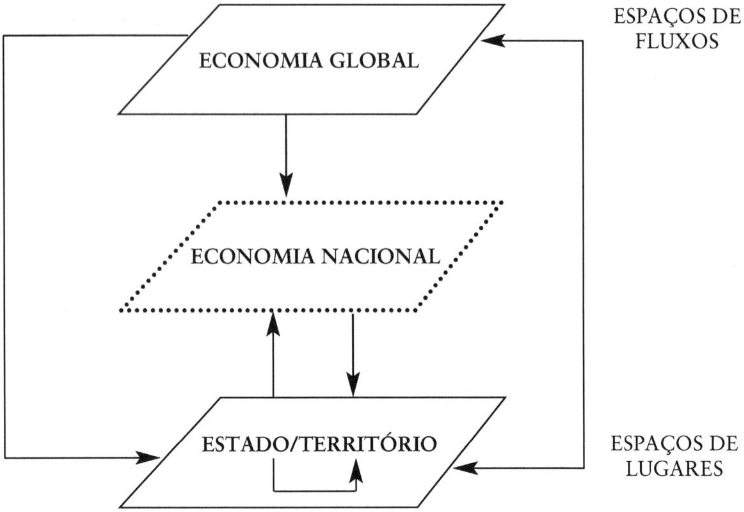

Na perspectiva sociológica de Giddens (1991:67) e na geográfica de Santos (2000), a globalização pode ser definida como a intensificação das relações sociais em escala mundial, que ligam localidades distantes de tal maneira que acontecimentos locais são modelados por eventos ocorrendo a muitas milhas de distância e vice-versa. A globalização se refere essencialmente ao processo de distanciamento entre tempo e espaço, na medida em que as modalidades de conexão entre diferentes regiões ou contextos sociais se enredaram através da superfície da Terra como um todo.

As economias nacionais são substituídas do ponto de vista locacional, o que impõe tendências à busca de práticas políticas, institucionais e legais harmonizadas com a tendência à globalização para fazer frente a um novo tipo de competição, agora locacional como expresso no esquema. O aumento da mobilidade dos fatores impõe aos governos nacionais a necessidade de estratégias para ampliar a competitividade sistêmica do conjunto ou de parte do seu território, através do investimento nos fatores de menor mobilidade, como a qualidade da infra-estrutura tecnológica e da mão-de-obra. Assim, as forças-chave e propulsoras na economia global são as partes dos sistemas de produção territorializadas (Storper, 1994).

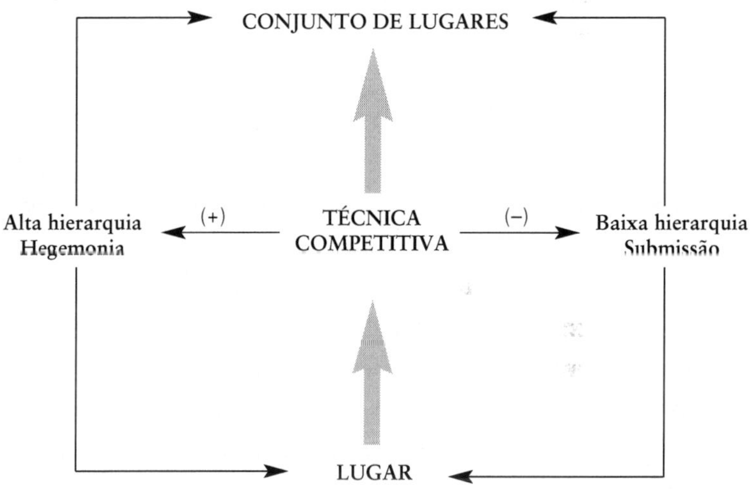

O novo sistema internacional

As novas tendências contemporâneas, como novo paradigma tecnológico, novos padrões de comércio internacional, gestão das interdependências e conflitos através da tendência de harmonização das diferenças nacionais, se impõem à organização dos interesses na escala internacional. Porém, num período da história em que as relações econômicas, como já é corrente falar, ocorrem em um mundo globalizado, e as relações políticas se dão ainda no sistema de Estados-nações, é interessante recuperar o significado conceitual das chamadas relações internacionais, ou seja, a negociação de interesses conduzida pelos Estados como atores políticos credenciados para tal e as diferentes perspectivas sobre os formatos possíveis para essas relações — que tanto podem levar aos acordos e pactos como às guerras.

O sistema internacional, da forma como ele se encontra modelado na atualidade, baseia-se nas estratégias historicamente elaboradas pelos Estados, a partir de suas possibilidades frente aos outros, para a escolha de posições favoráveis com relação às guerras e aos acordos. A questão da soberania tem sido um argumento fundamental como parâmetro, tanto para a legitimidade da guerra como para o encaminhamento das escolhas nos acordos interestatais. No entanto, as mudanças atuais trazidas pelos avanços das tecnologias — aplicadas à informática, às informações e aos armamentos — têm levado à procura de novos cenários para as relações internacionais, nos quais a soberania é posta em causa, as guerras mudam de sentido e a possibilidade de circulação de informações facilita o aparecimento de redes que criam formas de convivência internacional. A bibliografia sobre o tema é importante e numerosa, mas, nos limites deste trabalho, apresento apenas quatro proposições sobre os padrões mais amplos da guerra e da transformação da ordem internacional que considero úteis a uma análise em geografia política.

Para a primeira, recorro a Raymond Aron (1980:321) e sua tentativa de elaborar as bases teóricas das relações internacionais. Referindo-se a outro trabalho seu — *Paz e guerra entre as nações* (Aron, *apud* Aron, 1980) —, ele afirma:

> "Procurei aquilo que constituía a especificidade das relações internacionais ou entre os Estados, e penso tê-lo encontrado na legitimidade e legalidade do recurso à força armada por parte dos atores. Nas civilizações superiores essas relações parecem ser as únicas, dentre todas as relações sociais, que admitem o caráter normal da violência." Continuando, ele se pergunta se "esta característica específica [das relações interestatais], ou seja, a ausência de tribunais e de polícia; o direito ao recurso à força; a pluralidade dos centros de decisão autônoma; a alternância e continuidade da paz e da guerra poderão fundamentar uma teoria científica" (Aron, 1980:323).

Nas sociedades atuais, organizadas em Estados, os atores coletivos — as sociedades — atribuem o monopólio da violência legítima a uma instância interna, o próprio Estado. Aplicando este princípio à esfera internacional, porém, deve ser considerado que ela é composta por atores coletivos que atribuem o monopólio da força a uma instância interna própria, e não a uma força externa, estranha a eles. Assim, ele continua:

> de fato a pluralidade dos atores coletivos implica duplamente o espaço geográfico: o território em que está estabelecido cada um desses atores e o campo dentro do qual se desenrolam as relações entre os atores. Fazem parte de um mesmo sistema os atores que mantêm entre si relações de tal natureza que cada um considera a posição de todos os demais nos cálculos prévios às suas decisões (...). Não havendo monopólio da violência legítima [no campo dentro do qual se desenrolam as relações entre os atores], cada ator garante a própria segurança com suas forças, sozinho ou em combinação com os aliados.

Em sua longa argumentação para sustentar sua vontade teórica, Aron designa as relações interestatais como o centro das relações internacionais e destaca os dois personagens destas relações: o diplomata e o soldado, que simbolizam, para ele, as relações entre Estados que são conduzidos à negociação e à guerra (Lévy, 1992:40-41). A primazia do Estado e do interestatal é reafirmado como invariante, como a explicação mais pertinente da organização do mundo. Mesmo após a releitura de sua obra, incluindo outros sistemas, como o econômico, as relações centro-periferia, os vínculos entre o sistema interestatal e o sistema econômico e a gestação de uma sociedade internacional, os Estados e seu monopólio da violência legítima permanecem, para Aron, como o principal fator estruturante. Suas relações, a paz e a guerra organizam o mundo.

A segunda proposição é de outro trabalho, também longo, com mais de 800 páginas, que da mesma forma busca demonstrar a importância das guerras para a história da formação do Estado moderno e do Estado-nação e para as relações internacionais. Philip Bobbitt (2003) caracteriza a época atual como "o fim da longa guerra", que para ele iniciou-se em 1914 e encerrou-se apenas em 1990, e aponta para a superação da forma Estado-nação e para a sua substituição pelo que ele chama de Estado-mercado. Este, ao contrário da forma atual, que extrai sua legitimidade do reconhecimento da sua soberania sobre o seu território, "acena com outro pacto: propõe-se maximizar as oportunidades de seu povo". Segundo o autor, só o Estado-mercado será capaz de cumprir as promessas do Iluminismo que o Estado-nação não conseguiu.

Seus argumentos fundamentam-se nas mudanças provocadas pelos avanços tecnológicos no campo dos arsenais de guerra, que tornam insuficientes as estratégias de uma ordem internacional baseada nas soberanias do modelo de Estados-nações e na autoridade dos tratados, convenções de Estados ou instituições internacionais formais, como a ONU ou a OMC. Em síntese, nesta análise, as ordens constitucionais que protegem os direitos humanos e as liberdades só poderão ser garantidas pelas operações de mercados internacionais do Estado-mercado. Este formato proposto considera as novas articulações estratégicas que se dão através das redes globalizadas, que integram espaços nas mais diferentes partes do mundo e reflete um cenário que não se diferencia muito da fórmula de um Estado exemplar do liberalismo, que nem os filósofos liberais mais radicais ousaram pensar.

A terceira proposição destaca que a questão das diferenças entre os Estados no domínio de recursos tecnológicos ou da possibilidade financeira de acessá-los tem sido crucial ao longo da história. Nas mais de 600 páginas de *Ascensão e queda das grandes potências*, Paul Kennedy (1989:2) articula o "conflito militar" no contexto da "transformação econômica" e indica que

> a força relativa das principais nações no cenário mundial nunca permanece constante, principalmente em virtude da taxa de crescimento desigual entre diferentes sociedades, e das inovações tecnológicas e organizacionais que proporcionam a uma sociedade maior vantagem do que a outra (...) [pois] quando sua capacidade produtiva aumentava, os países tinham normalmente maior facilidade de arcar com o ônus dos armamentos em grande escala, em tempos de paz, e de manter e de abastecer grandes exércitos e armadas durante a guerra (...), a riqueza é necessária ao poderio militar e à hegemonia.

Para o autor, o sistema internacional se encontra sempre estruturado em torno das vantagens das grandes potências, mas é sempre pressionado pelas potências em ascensão que querem modificá-lo para adequá-lo aos seus interesses. Mesmo levando em conta as mudanças tecnológicas atuais, é possível perceber que ele não vê grandes alterações em relação ao cenário de tensões que deu início à Primeira Guerra Mundial, quando ele afirma que as intimidações e as tentativas de negociações favoráveis à Alemanha, conduzidas pelo Imperador Guilherme II, "não eram uma receita para o sucesso num mundo cheio de Estados-Nações egoístas e desconfiados" (Kennedy, 1989:210).

A quarta proposição, mais radical, de Manuel Castells (2000b), não recupera historicamente o Estado como instituição e tem como foco a crescente diversificação e fragmentação dos interesses sociais nas sociedades contemporâneas, que se organizam em redes através das quais se agregam tais interesses sob a forma de identidades (re)construídas. Assim, para esse autor, as múltiplas identidades submetem ao Estado-nação as reivindicações, exigências e desafios da sociedade civil (Castells, 2000b:316). Continuando, ele acrescenta que estas circunstâncias esvaziam o Estado-nação, que passa a "vagar nos mares dos fluxos globais de poder" (Castells, 2000b:321), e afirma que todas estas circunstâncias forçam a descentralização do poder do Estado central e o fortalecimento do que ele chama de *Estado-nação local*, que reconstrói sua legitimação e instrumentalidade "navegando em redes transnacionais e integrando sociedades civis locais". As análises de Castells apontam pois para um outro tipo de guerra, muito mais destrutiva, pois afeta os próprios fundamentos sobre os quais se assentaram os pilares do Estado nos cinco séculos da sua história, ou seja, a centralidade territorial do mando e da obediência.

Em outro texto, "Hacia el Estado red?" (1998), Castells explicita melhor o seu argumento com base nos novos marcos institucionais da União Européia onde se põe em prática a idéia fundamental de uma difusão do poder de centros para o poder de redes. Para ele, a prática de soberania partilhada através de redes institucionais que se articulam horizontal e verticalmente, integrando níveis decisórios nacionais, regionais e locais indica o surgimento de um novo tipo de Estado que não é o Estado-nação, mas que não o elimina, mas sim o redefine. Há porém em sua proposição um problema de escala, já que a União Européia é a experiência inovadora de elaboração de um novo contrato social supranacional. Quando esta perspectiva de difusão do poder do centro para o poder de redes é deslocada para a escala nacional, cria-se um paradoxo, pois, apesar da terminologia, o que é sugerido é uma outra coisa que não pode ser chamada de Estado. Afinal, a lógica da rede é contraditória com a lógica daquilo que conferiu ao Estado moderno sua especificidade e sua essência como instituição: a centralidade territorial do poder político encarnado na legitimidade da coerção, ou seja, do mando e da obediência dentro de suas fronteiras.

As proposições acima são significativas de como o debate sobre as relações internacionais, na era da globalização, ainda é inconcluso e não prescinde do Estado como ator na arena global. Assim, em termos das relações interestatais, é possível aceitar que: primeiro, mesmo se a riqueza é uma condição necessária para a guerra, não é possível deduzir que aquela leva necessariamente a esta; segundo, o fato de o mundo ainda encontrar-se dividido em territórios estatais que possuem o monopólio da violência legítima, como bem indicou Aron, mas que são muito diferentes em relação aos recursos disponíveis, define as condições da organização do sistema internacional na atualidade; terceiro, o debate reflete as incertezas e o leque de possibilidades do confronto atual entre as forças da *circulação* e as *iconografias*, como foi estabelecido conceitualmente por Gottmann.

Tendo em vista as condições atuais do sistema de Estados-nações, alguns parâmetros devem se considerados na análise das relações entre eles. Em primeiro lugar, da mesma forma que os Estados, apesar de disporem do poder legítimo de coerção, não o utilizam internamente como força de coesão social; nas relações internacionais a guerra não é, necessariamente, a estratégia dos ricos, ou seja, daqueles que possuem as melhores condições materiais para fazê-la. Em segundo lugar, deve ser considerado que a disponibilidade de aparatos bélicos de ataque e de defesa continua sendo importante para as políticas internas e para as alianças e acordos entre as nações. O período da Guerra Fria, entre o fim da Segunda Guerra Mundial e a década de 1970, evidenciou as duas dimensões potenciais da guerra: a material, respaldada pelo desenvolvimento tecnológico aplicado à indústria bélica, e a simbólica, respaldo necessário à decisão política de fazê-la.

Este último ponto é importante porque, apesar de contraditório na aparência, guarda uma lógica que precisa ser compreendida no contexto das relações entre os Estados nacionais. Na pesquisa realizada por Huth (1999), é possível estabelecer a assertiva de que as preocupações com a política doméstica predominam nas escolhas que os líderes fazem para as políticas externas. Sua análise procura elucidar o quebra-cabeça teórico sobre a diferença entre as condições que levam os líderes da política externa a escolherem políticas diplomáticas não violentas e mais flexíveis e aquelas condições que incitam estes líderes a perseguirem as reivindicações (no caso teorizado são as territoriais) de modo mais agressivo e conflituoso.

Considerei útil sintetizar aqui algumas suposições estabelecidas pelo autor, que podem ajudar a compreender a dimensão política interna das decisões sobre o modo de encaminhar os conflitos externos e ajudar a elaboração de perguntas pertinentes à geografia política. As primeiras suposições indicam que: a) em política internacional, líderes do governo não podem depender de uma autoridade supranacional reconhecida para regular disputas com outros países, e esses líderes são, em última instância, os responsáveis pela proteção de seus países contra possíveis ataques militares e contra outras ameaças à segurança nacional; b) a preocupação central dos líderes do governo é manter esta posição de poder político doméstico, pois sua habilidade para manter sua posição é fortemente relacionada ao apoio de grupos políticos internos; c) estes grupos, por sua vez, procuram moldar as escolhas políticas dos líderes do governo a fim de realizar seus interesses econômicos e políticos; d) a oposição política tentará se mobilizar quando as políticas perseguidas pelo regime falharem em alcançar os objetivos políticos estabelecidos; e) líderes do governo acreditam que um recuo na política externa frente a uma derrota militar ou diplomática imporá elevados custos domésticos.

Este conjunto de suposições indica que líderes dos governos devem ponderar dois papéis políticos críticos: primeiro, eles devem preservar a segurança interna, e segundo, eles devem procurar permanecer no poder, lidando com a oposição política e com as contra-elites. Sendo esses dois desafios considerados, há implicações importantes, como: os líderes políticos do governo não dão às questões de segurança militar a maior prioridade ou as questões relativas à política externa, inclusive a política de segurança, são examinadas em termos das conseqüências para a posição dos líderes políticos na política interna. Neste sentido, a política de segurança pode ser utilizada para reforçar a posição dos interesses internos dos líderes políticos.

Esses dois corolários somados indicam que lideranças políticas definirão a agenda da política externa de seus países em termos mais amplos do que apenas questões de segurança. Neste caso, os líderes do governo serão mais propensos a se preocupar com os potenciais custos, para os grupos domésticos, de um conflito militar ou da deterioração das relações políticas com outros países. Na realidade, para os líderes políticos sensíveis, o público interno não é muito preocupado com questões externas, salvo se seu país está envolvido em algum conflito desse tipo. Como resultado, as decisões sobre política de segurança são influenciadas pelas estimativas de antecipação da oposição doméstica feita pelos líderes e o fato de que as elites só podem geralmente contar com grande apoio público para políticas de confronto com outros Estados se custos diretos materiais e humanos não são altos. Estas questões certamente estiveram presentes nas avaliações do Governo Bush, dos Estados Unidos, para a decisão de atacar o Afeganistão e de ocupar o Iraque.

Outro conjunto de suposições do estudo de Huth aponta que as instituições políticas internas estruturam e induzem as elites a tomarem decisões de modo particular. Em alguns sistemas políticos, as instituições permitem o uso de ameaças ou mesmo a violência para as soluções dos conflitos externos, em outros a violência não é legitimada e procuram-se soluções de compromisso nas disputas. Foi verificado ainda que, muitas vezes, as normas e práticas utilizadas pelas lideranças políticas para resolver conflitos internos são utilizadas também nas disputas internacionais. Outra suposição é que a ameaça ou o uso do poder militar é o último recurso dos líderes do governo para resolver disputas com outros países e preservar a segurança. Desta segue a última, sobre a necessidade de as lideranças políticas procurarem manter compromissos de segurança com outros países através da flexibilidade diplomática e militar nas suas relações externas. Freqüentemente, falta à maioria dos Estados capacidade política e/ou recursos para alcançar seus objetivos de política externa. Estas suposições ajudam a compreender por que as guerras, na atualidade, foram deslocadas para as nações da periferia e não ocorrem mais nos territórios dos países centrais, onde o peso da opinião pública é importante e os arsenais bélicos são mais potentes.

Para finalizar, o autor formula as hipóteses com relação às questões em jogo, ou seja, as perdas e os ganhos que podem resultar das decisões sobre a política externa. Sua suposição é que os tomadores de decisão podem considerar a utilidade de desafiar o *status quo* territorial, buscando controlar um território disputado. Neste caso, existe uma correlação positiva entre fronteiras estratégicas e a probabilidade de rivalidades sobre disputas territoriais, ou existe uma correlação positiva entre a localização de minorias étnicas ao longo dessas fronteiras que dividem obrigações com o grupo étnico predominante, havendo probabilidade de disputa territorial duradoura.

Para a geografia política, uma indagação importante é sobre as razões da legitimação interna nas decisões dos Estados que definem as suas opções e os custos das alianças ou dos confrontos internacionais. Neste sentido, a pergunta que pode ser feita é de que modo a globalização da tecnologia informacional, que propicia a articulação entre território e rede, e estabelece novas conexões entre superfícies diferentes através de um conjunto hierarquizado de lugares, capazes de tratar e de trocar informações, altera o processo interno legitimador de alianças e conflitos na escala internacional, ou seja, que papel desempenham os interesses territorializados neste processo.

O foco nas relações econômicas comandadas pelo mercado, que privilegia a análise das redes que fragmentam as sociedades e a política, é utilizado para expressar e avalizar os novos paradigmas da autonomia dos lugares frente às imposições da lógica das políticas intra e interestatal. No entanto, a expansão das redes de informações em escala global aponta também para outros desdobramentos, como as novas possibilidades de mobilizações políticas nesta escala e a formação de um espaço público global (no sentido de publicidade, de visibilidade). A questão indicada anteriormente para a geografia política pode então ser formulada no sentido de identificar o modo como a legitimação interna dos Estados para as políticas internacionais está sendo hoje afetada pelo desenvolvimento desse novo espaço público na escala internacional. Questões atuais, como os riscos ambientais, a pobreza, a corrupção, as minorias, a exclusão, os direitos humanos etc., não mais adquirem legitimidade nos limites dos espaços públicos das sociedades nacionais apenas. Mesmo se as decisões sobre estas questões continuam sendo responsabilidade do aparato institucional dos Estados, os espaços públicos internacionais em construção têm se tornado cada vez mais arenas políticas e têm afetado, em muitos casos, as opiniões públicas nacionais sobre estas decisões internas.

A lógica dos blocos regionais

Como já foi dito, no ambiente de competitividade exacerbada o sistema internacional hoje deve articular as questões de legitimação interna dos Estados com as estratégias escolhidas para atender aos seus interesses, tendo que considerar, porém, o surgimento de um espaço público global. Na realidade, a pretensa homogeneização do processo de globalização cria o efeito contraditório de reforçar as demandas por autonomias locais e de revigorar as identidades culturais em várias partes do mundo. Paralelamente, se os problemas decorrentes dos processos de desestabilização regional provocados por conflitos locais, guerras civis ou étnicas continuam sendo postos para as sociedades nacionais e seus Estados, hoje eles ocorrem num espaço ampliado e de visibilidade muito maior.

Um lembrete interessante feito por Lester Thurow (1993:287) é oportuno para esta seção:

> Na atmosfera de intensa competição que existirá no século XXI, todos os participantes devem se lembrar diariamente de que participam de um jogo competitivo-cooperativo, não apenas um jogo competitivo. Todos querem ganhar, mas a cooperação também é necessária para que o jogo possa ser disputado.

A questão importante aqui é que, apesar de o mundo continuar cheio de Estados-nações egoístas e desconfiados, como assinalou Paul Kennedy, já citado, a racionalidade e as dificuldades atuais para legitimar as guerras, especialmente aquelas travadas no próprio território, obrigam a busca de novos espaços de cooperação interestatal no ambiente de extrema competição globalizada.

A experiência da União Européia é exemplar. As negociações que deram origem à Comunidade Econômica Européia após a Segunda Guerra Mundial vêm evoluindo para uma união não apenas econômica, mas também política e social. A elaboração de uma Constituição européia, em discussão, que estabelecerá os termos dos marcos institucionais dessa nova comunidade de destino, não mais um Estado-nação, não mais uma nação hegemônica como pretendeu ser a Alemanha na primeira metade do século XX, mas uma confederação multicultural e multiétnica, é significativa dos novos formatos possíveis para realizar os interesses recorrendo à competição/cooperação.

Não é fortuito pois o fato de os acordos regionais de cooperação internacional terem sido nomeados, principalmente na literatura econômica das últimas décadas, como novas solidariedades. Estas têm sido reconhecidas como as estratégias mais eficientes para fazer frente à competitividade global e à supremacia econômica norte-americana. A integração regional tem surgido então como uma alternativa de negociação e de harmonização de práticas comerciais num conjunto reduzido de países vizinhos, sempre mais fáceis e viáveis, do que com o conjunto mais amplo de nações (Thorstensen *et al.*, 1994).

Neste sentido, a tendência à formação de blocos regionais objetiva a remoção de barreiras de comércio entre os países participantes e a busca de mecanismos de cooperação e coordenação entre eles. Esta integração é feita em diferentes etapas, começando pela negociação de uma *zona de livre comércio*, onde os bens podem circular livremente, sem a existência de barreiras tarifárias e de barreiras técnicas (padrões diferentes), de saúde (controle sanitário), fiscais (impostos ou taxas discriminatórios) e físicas (controle das fronteiras), podendo chegar à união monetária, como já é o caso da União Européia (UE) com a implantação do euro como moeda para todos os países membros, e à união política, última etapa da UE com a votação da Constituição européia.

Os resultados esperados dos acordos de cooperação interestatais podem ser sintetizados da seguinte maneira: no plano interno, o aumento da competitividade intrabloco cria condições para maior eficiência dos setores produtivos pela possibilidade de maior especialização; o crescimento das trocas entre os países membros possibilita a expansão da produção como conseqüência da economia de escala; no plano externo, há melhoria no poder de barganha internacional, devido ao tamanho maior do mercado; além disso, o aumento da produtividade intrabloco torna-o mais competitivo frente aos demais blocos ou aos demais países. As estatísticas sobre o comércio internacional já mostram que a maior parte das transações comerciais de importação/exportação tem se dado dentro dos blocos regionais.

Este mesmo mundo dividido em blocos econômicos regionais obriga, por outro lado, as economias nacionais a interagirem num mercado global bastante complexo. Neste mercado global, os interesses econômicos, que explicam o padrão de comércio, atuam dentro de arranjos institucionais e são disciplinados por regras restritivas que constituem o sistema de comércio mundial, englobando as práticas institucionais e políticas de cada país. Neste sentido, as mudanças nas regras e padrões do comércio internacional são conseqüência dos novos rearranjos de interesses nacionais e empresariais que se aproveitam dos espaços abertos pela perda da hegemonia comercial americana frente ao aparecimento de novos e fortes parceiros comerciais, como a União Européia e o bloco asiático, comandado pelo Japão, além da multiplicação de blocos continentais buscando novas solidariedades.

As novas parcerias internacionais tornaram-se possíveis com a quebra dos acordos multilaterais cobertos pelo GATT* — que atendiam melhor às necessidades norte-americanas — pela contratação de novos acordos bilaterais. A ampliação das parcerias e dos interesses impôs a necessidade de novas regulamentações, pondo em xeque aquele acordo multilateral criado sob a hegemonia comercial americana, porém tornado progressivamente inadequado devido às possibilidades de acordos fora dele. Portanto, a integração regional surgiu como alternativa para a gestão da interdependência e dos conflitos nas trocas internacionais diante da incapacidade do Gatt de continuar sustentando as negociações multilaterais comandadas pelos Estados Unidos. A criação da OMC para substituí-lo foi uma resposta mais adequada à ampliação dos parceiros, dos interesses e dos conflitos no sistema internacional de comércio.

Em síntese, as características mais evidentes do processo que delineia o novo cenário das trocas internacionais são: o aumento da competitividade e da velocidade de circulação da informação, do capital e das mercadorias; o fim da hegemonia comercial americana e a entrada em cena de novos competidores globais, como o Japão e a Europa Ocidental; a busca de novas solidariedades e alianças constituídas pelos blocos comerciais e pelos acordos bilaterais de trocas. Paralelamente, o espaço da competição global se fragmenta, incorpora territórios da periferia, mas faz surgirem novos territórios de exclusão, incapazes de fazerem frente às exigências de competitividade.

Para concluir esta seção, deve ser mencionado que a integração regional constitui, portanto, uma estratégia dos Estados nacionais para fazer frente aos termos da nova competitividade internacional. Esta estratégia tem se mostrado eficaz, especialmente quando se verifica que é crescente o volume de transações de comércio internacional entre países de um mesmo bloco, o que motiva a crítica dos "globalistas" a essa estratégia. Para eles, estes arranjos têm permitido ampliar o limite das fronteiras nacionais, preservando a lógica da economia nacional. Ou ainda que esses blocos regionais resultam da adaptação do modelo Estado via a construção de uma forma federal internacional, cujo modelo pioneiro tem sido a construção da União Européia. Nas últimas décadas do século que se encerrou, aumentou o número de acordos para a redução mútua de barreiras e para a organização de arranjos regionais de comércio. Se os "globalistas" têm ou não razão, não se sabe, mas não há dúvida de que o soldado e o diplomata, que segundo Aron são atores fundamentais nas relações internacionais, juntam-se agora às comitivas dos chefes de Estado as delegações comerciais.

Em busca de um espaço político internacional

O funcionamento do sistema político internacional como cenário de ação da política externa dos Estados tem sido profundamente alterado. Na atualidade, a quase-totalidade da atividade do Estado-nação encontra-se submetida a fenômenos tanto de internacionalização como também, crescentemente, de transnacionalização. Os primeiros resultam das relações entre os Estados e entre estes e as organizações internacionais, como os atores clássicos do sistema, regidos pela diplomacia e pelo direito internacional público. Os outros são fenômenos de natureza muito variada, que transpassam os Estados nacionais, em alguns casos independentemente da sua vontade, como o terrorismo, os fluxos de informação, a difusão cultural etc., que se manifestam através das fronteiras dos Estados, através das normas do direito internacional e apesar das convenções diplomáticas.

Nesse mesmo plano transnacional encontram-se também as organizações não governamentais (ONGs), as empresas multinacionais e as instituições supranacionais, que embora atuem em consonância com as normas do direito nacional não possuem, necessariamente, uma identidade nacional. Entre estas encontram-se atores que podem ser mais poderosos que alguns Estados, como muitas das corporações ou empresas multinacionais, ou ainda atores cujas estratégias de ação desafiam os modelos legais e institucionais tradicionais dos Estados, como as ideologias e as religiões. É, portanto, nessa nova arena de conflitos de interesses que se consubstanciam as estratégias de cooperação, alianças, negociações e confrontos.

Na realidade, a idéia de globalização faz referência à profunda interdependência que rege as relações econômicas e políticas de qualquer país, pondo em evidência, diante do modelo de Estados soberanos, os sinais de aprofundamento das formas de cooperação e de organização das nações. Neste sentido, a cooperação internacional institucionalizada é um fenômeno que se consolida na atualidade. Esta cooperação reflete a necessidade de adaptação do modelo Estado nacional às novas forças e conflitos colocados nas relações que se dão na arena global. Três dimensões da cooperação serão aqui sintetizadas: 1) o problema da segurança e defesa; 2) as organizações internacionais; e 3) a cooperação para o desenvolvimento.

O *problema da defesa e da segurança*

Com o fim da Guerra Fria e da ameaça nuclear, barganha utilizada pelas superpotências no mundo pós-Segunda Guerra Mundial, alterou-se completamente a lógica da defesa e a da segurança das nações. A política de defesa não se sustenta mais no princípio da força armada ante a ausência de um inimigo claramente identificado. Embora seja possível ainda a guerra entre Estados, quando se trata das potências econômicas e militares esta hipótese hoje é muito mais remota do que no passado.

O direito internacional depois de 1945 e o sistema das Nações Unidas abriram brechas na concepção clássica de autonomia decisória dos Estados sobre a guerra como recurso nas relações internacionais, superando o princípio de Clausewitz* de que *a guerra é a diplomacia por outros meios*, até então aceito. A Carta das Nações Unidas diz: "Os membros da Organização, em suas relações internacionais, se absterão de recorrer à ameaça ou ao uso da força contra a integridade territorial ou a independência política de qualquer Estado, ou em qualquer outra forma incompatível com os propósitos das Nações Unidas." Embora uma potência militarmente hegemônica como os Estados Unidos tenha decidido unilateralmente fazer duas guerras, uma contra o Afeganistão e outra contra o Iraque, a própria existência da organização representa um avanço na tentativa de regular em bloco os conflitos de interesses internacionais.

Um outro problema nas relações entre Estados é o da proliferação nuclear, que se tornou uma questão fundamental para a segurança internacional desde o pós-Segunda Guerra Mundial. Pelo que representa de riscos e de estratégias regionais, o domínio da tecnologia da bomba atômica tornou-se mais difuso e complexo. Os Estados que optaram por desenvolver este tipo de arsenal o fazem por questões de segurança ou de prevenção frente a ameaças externas. Não mais restrita às grandes potências, a proliferação nuclear tornou-se um fenômeno regional e global, e reforça a importância das estratégias institucionais para evitar, controlar e normatizar as possibilidades de confrontos armados convencionais entre as nações.

Por isto mesmo, com relação à dimensão regional, os Estados mais sensíveis a esta proliferação encontram-se em regiões muito militarizadas e de grande instabilidade política, como o Oriente Médio, o Sudeste da Ásia e o Extremo Oriente. Com relação à dimensão global, há o reconhecimento de que a ameaça nuclear é bem mais abrangente do que os argumentos defensivos daqueles que detêm este recurso. Neste sentido, a maioria dos países do mundo finalmente aderiu ao Tratado de Não-Proliferação (TNT), após sua renovação em 1995, e reconhece a legitimidade dos controles exercidos pela Agência Internacional de Energia Atômica (AIET), ambos de alcance global.

Além da proibição expressa do uso da força armada para a submissão de uma nação à vontade da outra, uma nova ação para a segurança coletiva global é estimular o desarmamento. Como este só pode ser regulado de forma convencional ou voluntária e afeta, como é óbvio, os interesses das superpotências e das grandes potências, explica-se a dificuldade para que acordos duráveis sejam estabelecidos. O desarmamento nuclear é uma questão crucial e começa a ser enfrentada com o *Tratado de proibição de provas com armas nucleares,* firmado em 1963 e com o TNT em 1970.

A queda da URSS, a retrocessão à Rússia dos arsenais nucleares instalados nos territórios da Ucrânia, da Bielo-Rússia e do Cazaquistão, os desvios de material atômico e os experimentos com armas nucleares que a Índia e o Paquistão realizaram em 1998 trouxeram de volta e atualizaram a questão nuclear. Mesmo se no caso da Índia e do Paquistão trata-se de estratégias para equilibrar e definir posições nas disputas geopolíticas regionais que envolvem ambos entre si e a Índia com a China. No caso do desmonte do antigo arsenal soviético, há o desafio colocado pelo risco de atores não estatais, como as redes do terrorismo, que se acrescentam aos novos problemas da segurança nacional e internacional.

No cenário atual dos conflitos internacionais outros tipos de problemas emergem. O número de conflitos internos tem ultrapassado o enfrentamento entre os Estados e duram cada vez mais tempo. Geograficamente, houve uma mudança significativa, pois os conflitos interestatais se deslocaram do centro para a periferia do sistema internacional e do Norte para o Sul, ou seja, não são mais as potências que guerreiam entre si, mas os países periféricos. Outro problema refere-se aos custos dos novos conflitos: o custo humano aumentou, já que as guerras não envolvem mais apenas militares, mas implicam um número crescente de populações civis, e o custo econômico é ainda mais pesado e afeta fortemente as economias e as condições de vida da população dos países neles envolvidos. No caso particular do continente africano, a pobreza e a exclusão são agravadas por esses conflitos, inspirados em disputas econômicas ou étnicas que se nutrem de uma lógica predatória ao mesmo tempo interna e internacional: eles obedecem a uma lógica de sobrevivência interna e procuram legitimação política através da busca de apoio internacional.

Esses novos conflitos internacionais tornaram-se o reino de armas leves, armas brancas que mutilam populações civis e tornam inoperante todo embargo estabelecido sobre armas. Em lugar dos exércitos formais, há milícias incontroláveis que participam da extraordinária descentralização da violência, algumas vezes em ação para atrair a atenção e a simpatia internacional. O fluxo de refugiados que daí surge traz no porte e na dureza das condições humanas problemas cuja solução ainda aguarda estratégias de cooperação mais eficientes.

No outro extremo do problema da defesa e da segurança, a hegemonia militar americana, após a dissolução da União Soviética, estabelece novo tipo de questão para as nações. Desde a administração Clinton, a política externa americana vem se estruturando em torno da designação de delinqüentes da cena internacional, os "*rogue states*", de tradução muito delicada. A tradução literal seria *Estados desonestos* ou *Estados canalhas*. O número de Estados nesta classificação tem flutuado, mas Cuba, o Iraque, Irã, a Líbia e a Coréia do Norte constituem o centro desta categoria conjuntural. Com efeito, este rótulo, mesmo se recentemente substituído por outro mais politicamente correto, como *Estados preocupantes* (*states of concern*), não é satisfatório e continua extremamente subjetivo. Um país como Cuba que não está envolvido em ações terroristas e não tem ambição de possuir armas de destruição em massa entra nesta categoria, enquanto o Paquistão, que desobedece às normas internacionais sobre armas nucleares e tolera grupos terroristas islâmicos, mas como é aliado dos Estados Unidos, não é classificado como tal (Durand *et al.*, 2002).

Nos primeiros anos do novo século, o episódio da guerra contra o Iraque e a tentativa de desmoralização das normas de segurança internacional da ONU indicam a complexidade da cena internacional contemporânea. A hegemonia militar de um Estado-nação como os Estados Unidos, que é também potência econômica com pretensão a uma hegemonia civilizatória, e a profusão de atores legítimos ou mafiosos, econômicos, sociais, culturais ou mediáticos compõem um enorme cortejo que disputa espaços de ação e decisão antes reservados apenas aos Estados nacionais. As disputas são multifacetadas e desafiam a capacidade de cooperação e de regulação das instituições supranacionais.

As organizações internacionais

Desde o fim da Segunda Guerra Mundial, e em seguida ao processo de descolonização, a multiplicação de organizações internacionais é significativa da tomada de consciência dos Estados da necessidade de um espaço institucional de encontro e de discussão de questões de interesse comum às nações. Embora não exista um conceito geralmente aceito de *organização internacional*, a definição tem dois sentidos jurídicos: um se refere à forma como está organizada a sociedade internacional, ou seja, sua estrutura de funcionamento; outro se refere às organizações internacionais concretas, seus estatutos, objetivos e área de atuação.

Estas organizações são distintas de outras, nacionais públicas ou multinacionais privadas, em diferentes aspectos. Alguns dos seus traços distintivos podem ser assim resumidos. Em primeiro lugar, o seu caráter interestatal, ou seja, uma organização internacional, é uma organização de Estados, e isto supõe que os órgãos mais importantes tenham uma composição intergovernamental e que estejam integrados por representantes dos governos dos Estados membros. Segundo, o caráter voluntário, o que indica que essas organizações são criadas através de tratados instituintes entre Estados que entram em acordo sobre pontos de interesse comuns. Terceiro, as organizações internacionais devem contar com um estatuto, uma burocracia e um sistema permanente de gestão que assegurem sua continuidade, o que as diferencia, por exemplo, das conferências internacionais, que se assemelham na tomada de decisões, mas que podem ser muito efêmeras. Quarto, a definição consensual de uma vontade autônoma que possibilita expressar uma vontade juridicamente distinta daquela dos Estados membros em matéria de sua competência.

Quinto, a definição de competência própria apenas nas matérias definidas pelo tratado instituinte, diferente daquelas dos Estados, cujas competências são abrangentes. Sexto, a constituição de um fórum de negociação e cooperação internacional institucionalizada que permite a estas instituições alcançar o objetivo de satisfazer os interesses comuns dos Estados membros.

Estas organizações, projetadas originalmente a partir dos interesses e das concepções políticas e sociais dos países centrais ocidentais, mudaram suas estratégias com a ampliação do número de Estados membros após o processo de descolonização nos anos 1960. Ao se tornarem minoria, os países centrais optaram pelo consenso nas decisões e pela redução na expansão de funções e poderes dentro das organizações. Com esta estratégia, as questões de maior importância são tratadas fora delas ou em órgãos restritos, onde ainda os países centrais detêm o poder de veto. Para os Estados periféricos, ao contrário, o caráter universal das organizações internacionais constitui um instrumento válido para alcançar mudanças nas estruturas hierarquizadas e estratificadas do sistema internacional. Por isto, em oposição aos Estados centrais, estes países são favoráveis à extensão das funções e poderes daquelas organizações.

A Organização das Nações Unidas — ONU — é sem dúvida a mais importante iniciativa de cooperação entre as nações. Após a Segunda Guerra Mundial, a Grã-Bretanha, os Estados Unidos e a União Soviética buscaram uma fórmula capaz de evitar uma nova guerra e decidiram criar uma outra organização internacional para substituir a Sociedade das Nações, que havia sido criada oficialmente em 1920, nos termos dos tratados de paz do final da Primeira Guerra Mundial. A carta de fundação da ONU foi assinada em 1945, por 51 Estados, em São Francisco. Hoje, a organização reúne mais de 160 países e tem por tarefa assegurar a preservação da paz, favorecer a cooperação entre os povos e defender os direitos do homem no mundo. Mesmo se estes objetivos estão ainda longe de ser alcançados, não há dúvida de que esta organização representa um espaço público importante para os debates de questões relativas às assimetrias e injustiças entre sociedades nacionais.

A cooperação para o desenvolvimento

A crescente desigualdade na distribuição de riquezas e o aprofundamento da diferença entre as condições de sobrevivência das populações dos países centrais e periféricos no sistema internacional têm desafiado a cooperação internacional a assumir novas dimensões, além daquelas estritamente políticas. Embora os componentes humanitários devam ser considerados, o aumento da pobreza, das doenças e da fome intensifica conflitos que, mesmo localizados ou regionalizados, põem em risco o próprio equilíbrio do sistema internacional. Redes de migrações clandestinas, corrupção, terrorismo, aumento da criminalidade atingem diretamente os países centrais, sua sociedade e sua opinião pública.

Neste sentido, o crescimento da pobreza, sua expansão regional e visibilidade internacional se impõem como questões e fatores desencadeadores de conflitos nas relações Norte-Sul, mobilizando a opinião internacional e exigindo estratégias conjuntas para enfrentá-las. O instrumento disponível hoje de maior alcance para canalizar a cooperação internacional a favor do desenvolvimento é o sistema das Nações Unidas.

Como ator da cooperação para o desenvolvimento, o sistema das Nações Unidas constitui um sistema multilateral que possibilita a canalização da ajuda e da assistência técnica aos países pobres. Para que essa cooperação se efetive, esse sistema possui também um fórum para encaminhar questões prejudiciais aos países pobres na livre concorrência do comércio internacional através da Conferência de Comércio e Desenvolvimento, além de uma rede de organismos especializados para a promoção do desenvolvimento social, cultural etc., como a FAO (assistência alimentar), a UNESCO (assistência para a educação), a OIT (assistência para o trabalho), a UNICEF (assistência para a infância) e a OMS (assistência para a saúde). Além de ações específicas através de projetos, estas instituições têm tido importante papel na pressão de governos, especialmente de países do Terceiro Mundo, para adotar políticas para a infância, para erradicação do trabalho infantil ou do trabalho escravo, para alfabetização etc. adotando a persuasão através da ameaça de sanções ou de boicotes.

Novas formas de regulação internacional

Os conflitos disseminados hoje pelo mundo possuem uma natureza diversa dos tradicionais conflitos entre Estados. Na atualidade, cruzam-se os objetivos internos e os externos, a segurança militar e tudo que diz respeito à *segurança humana*. A violência se dissemina e perde sua natureza estritamente política para retornar ao social, torna-se múltipla, mais ligada ao ator do que ao território, mais vetor do que alvo. É neste ambiente onde se disseminam formas difusas de violência que novos modos de regulação internacional são requeridos e encontram em seu caminho a resistência dos próprios Estados.

Em 1998, foi definido o status de uma Corte Penal Internacional, sediada em Haia, fundamentada na necessidade de criação de um fórum supranacional capaz de julgar crimes enquadrados no conceito de *contra a humanidade* cometidos por autoridades estatais, cujas instituições da nação em questão não disponham dos recursos legais para fazê-lo no âmbito do próprio aparelho judiciário nacional. Em 1994, a OMC (Organização Mundial do Comércio) substituiu o Gatt na atuação para regular as pendências do comércio internacional encaminhadas por membros que se sentem prejudicados nas disputas sobre concorrência, patentes e a utilização velada de barreiras tributárias ou sanitárias. Também a proteção do trabalho tem uma cláusula na OMC que exige dos países membros a ratificação da Declaração Universal dos Direitos do Homem, com base no que foi estabelecido na Carta de

Havana em 1948. Esta cláusula é utilizada como instrumento para constranger os países a aceitar as deliberações da organização. Mais recentemente, em 1997, foi assinado o Protocolo de Kyoto, definindo princípios de responsabilidade e de sanções relativas ao meio ambiente.

Mesmo se o peso dos interesses das grandes potências militares e econômicas é ainda um forte fator de desequilíbrios e de assimetrias nas relações internacionais, as tentativas de cooperação e de aplicação de normas mais justas de convivência entre diferentes e de controle dos mais fortes vêm possibilitando a criação de um espaço político global. O processo para consolidar esta forma de institucionalização de um sistema de vigilância e de justiça globalizada tem sido lento, com avanços e recuos, mas está posto em marcha.

No entanto, quaisquer tentativas de regulação supranacional esbarram na capacidade que os Estados nacionais ainda têm de recorrer ao conceito de soberania para defender o que por eles é considerado questões internas, ou seja, seus interesses. Aqui a assimetria é evidente entre os países centrais e os periféricos. Os primeiros detêm mais instrumentos de defesa dos interesses da sua elite no poder e das sua empresas do que os outros. No entanto, o peso numérico dos Estados da periferia e a representação por países nos organismos internacionais têm possibilitado alguns ganhos, mas o horizonte continua congestionado pelas contendas, e ainda não é possível ser otimista sobre a inversão do campo das vitórias.

Porém, nunca é demais lembrar que o sistema econômico mundial, na era da globalização, reafirma a importante diferença entre os conflitos produtivos, ou seja, aqueles que se resolvem nos ganhos de produtividade, na concorrência e no mercado e os conflitos distributivos, ou seja, aqueles que se resolvem no espaço político das instituições capazes de fazer prevalecer princípios de justiça distributiva, nos quais é necessariamente dado tratamento diferenciado aos desiguais. A história das nações tem demonstrado que os primeiros são muito mais fáceis de resolver do que os outros, mas mostra também que não é impossível reduzir conflitos distributivos. Mesmo diante da frustração das promessas modernizadoras do Iluminismo, tanto liberal como socialista, talvez seja o caso de retomar Hannah Arendt e seu combate intelectual para recuperar a dignidade da política e com ela a ética da justiça, necessária à convivência entre diferentes, para que estes não se tornem desiguais. À geografia política cabe indagar que condições institucionais no espaço mundial têm favorecido a redução dos conflitos distributivos mais em alguns territórios do que em outros, uma vez que aquelas dos conflitos produtivos já têm sido bastante exploradas.

Para concluir

Reencantando a geografia política

O mundo atual está aberto a todo tipo de possibilidades de investigação e de explicação. Nunca a dimensão política dos fenômenos teve tanta visibilidade e nunca se precisou tanto do olhar geográfico para desvendar a complexidade de fatos entrelaçados, aparentemente paradoxais, porém identificáveis a partir das escalas espaciais diferenciadas, encaixadas, que o geógrafo é treinado para compreender. Ao mesmo tempo, é oferecido à geografia contemporânea um terreno fértil para compor sua agenda temática, suas especulações conceituais, suas pesquisas empíricas.

As questões colocadas para a geografia política no início deste terceiro milênio são bem mais amplas do que aquelas que inspiraram seus fundadores no final do século XIX. De uma perspectiva que tinha no Estado nacional o eixo teórico conceitual em torno do qual a agenda da disciplina era definida, porque afinal era em torno dele que o próprio mundo se organizava, na atualidade a disciplina precisa compor sua agenda em um mundo muito diferente.

Para John Agnew (2002:181) haveria mesmo um paradoxo em fazer geografia política num novo mundo "sem fronteiras":

> Num mundo que caminha para transformar-se numa gigantesca cabeça de alfinete, no qual onde você está não quer dizer nada, onde conectividade, interdependência, cultura global e ciberespaço eliminam os espaços territoriais demarcados e os lugares sedimentados que são as questões centrais da geografia política.

Porém, ele espera que seus leitores, ao final de seu livro, tenham percebido que este mundo-alfinete é uma fantasia e que o mundo real é ainda envolvido por dramas políticos que só podem ser adequadamente compreendidos se colocados em seu contexto geográfico. E será assim até que o mundo se torne uma esfera lisa, sem nenhuma resistência ao movimento humano ou sem as suas divisões territoriais e desigualdades.

Ao terminar este nosso livro, a expectativa é a mesma. Afinal, a política como o exercício necessário à convivência entre os diferentes só deixará de existir quando as diferenças não existirem mais. E a política e seus espaços não se confundem com a economia nem com a cultura, embora perpassem e sejam perpassados por ambas. É neste sentido que, para Santos (2005), o mundo político é "o mundo econômico de ponta-cabeça, não como espelho, mas como repto", isto é, como o seu oposto, como o seu desafio. Mas o mundo da política só se concretiza e adquire significado social quando exercido no espaço concreto da "cidade" no sentido que lhe deu Hannah Arendt, que podemos entender como território.

Superados os limites estatistas da geografia política clássica e o aprisionamento da política à economia da geografia crítica, a tarefa de uma geografia política frente ao mundo atual é ampla e comporta desafios. Embora um tanto atrasada, a geografia tem diante de si a tarefa de reincorporar o papel dos atores sociais e das instituições políticas e o modo como estes plasmam territórios, produzem e reproduzem desigualdades, ou, ao contrário, em que circunstâncias e em que espaços são capazes de atuar para reduzi-las. Temas como cidadania, democracia, sistema político, civilidade, identidades etc. estão à espera dos aportes conceituais e empíricos capazes de desvendar as possibilidades explicativas dos seus contextos espaciais em múltiplas escalas que só o saber geográfico pode trazer.

Num mundo de países ricos e pobres, o problema das pressões distributivas apresenta-se espacialmente diferente. No primeiro grupo, onde o nível médio do consumo permite ir além das chamadas necessidades básicas, os problemas políticos mais importantes têm sido justamente a luta pelo direito à diferença. Demandas pelo reconhecimento da união civil dos homossexuais, a ampliação da pauta do feminismo, a expansão do movimento ecológico de base local, a organização política de minorias étnicas e nacionais têm reordenado os espaços urbanos e conduzido à elaboração de políticas públicas que cada vez mais reconhecem o direito dessas novas tribos urbanas e seus espaços de moradia, convivência e lazer. No segundo grupo, dos países pobres, a luta política ainda é pela redução das desigualdades e pelo direito ao acesso a um patamar mínimo de consumo que garanta a dignidade e a cidadania.

Os espaços políticos organizam-se diferentemente em cada um desses países. A questão dos trabalhadores estrangeiros, por exemplo, não tem o mesmo tratamento. Na Suécia, após poucos anos de residência, os imigrantes têm direito a votar nas eleições para representantes locais. Esta decisão é considerada a melhor estratégia para integrar mais rapidamente estes trabalhadores e reduzir os conflitos que fatalmente ocorrem quando há altos níveis de segregação. O mesmo não ocorre em outros países com grande número de imigrantes, como a Bélgica, a França ou a Alemanha. Na França, a segregação social e espacial dos imigrantes, de origem árabe principalmente, tem gerado tensões e alimentado o voto nos representantes da direita. Quais os impactos de cada uma dessas políticas para o território desses países? Por que o tratamento dado à questão é tão diferente? A geografia política certamente teria algo a dizer sobre isso.

Outra questão importante é a expansão da democracia representativa por um número crescente de países e as diferenças nas suas estruturas institucionais e no seu funcionamento. Tendo sido um recurso para reduzir as tensões distributivas, aumentando o acesso da massa trabalhadora a uma parcela da riqueza por ela gerada, a democracia vem, em alguns casos, promovendo algumas situações imprevisíveis. Nos países ricos da Europa, o voto conservador, antes restrito aos redutos dos mais bem aquinhoados, tem se estendido à massa trabalhadora mais pobre, entre os quais têm tido eco as promessas da reserva de mercado para a mão-de-obra nativa do discurso político nacionalista. Nos Estados Unidos, os imigrantes mexicanos na Califórnia e seus descendentes vêm despertando para as possibilidades abertas pela democracia representativa, mesmo num país cujo sistema eleitoral é desenhado para a estabilidade e dificulta a renovação da representação. A comunidade de imigrantes latinos já elegeu dois senadores, um governador e 22 prefeitos de cidades americanas médias, além da recente eleição de um filho de imigrantes mexicanos para a prefeitura de Los Angeles, uma das mais importantes do país, o que aponta a politização dos imigrantes estrangeiros e os espaços políticos que estes trabalhadores progressivamente constroem.

Nos países pobres da periferia, a democracia tem ensejado o surgimento de espaços políticos onde o caudilhismo salvador e a politização da religião, como no caso do voto evangélico no Brasil, são expressões das possibilidades de emergência de novas formas de populismo. Este, em todo o mundo, apesar de fundado nas promessas de maior justiça distributiva, mais tem preservado o *status quo* da desigualdade do que atuado a partir de marcos concretos de mudanças sociais. Do ponto de vista de uma geografia eleitoral, por exemplo, o padrão do voto de filiação religiosa, mesmo que não exista um partido religioso e nem os candidatos defendam teses explicitamente religiosas, a obtenção desse voto tem muito menor custo do que outros pelo chamado efeito de vizinhança e de amigos, examinado neste livro, especialmente num país como o Brasil onde um dos problemas do sistema eleitoral em vigor é o altíssimo custo do voto. Cada igreja evangélica é um elemento de multiplicação, cada membro da igreja é um militante da fé e da sua propagação. O candidato que professa a sua fé é um representante legítimo dos seus interesses. Estas são questões prementes para a geografia política no país.

No Brasil, a geografia política tem portanto um vasto campo de investigação sobre as dimensões espaciais da política, desde as condições contemporâneas da democracia, os regionalismos, a geografia eleitoral, as políticas públicas que impactam e redesenham espaços urbanos e rurais, a estrutura federativa, cuja lógica é fundamental para compreender algumas características essenciais do seu território, inclusive a competência nacional para produzir e reproduzir desigualdades sociais e territoriais. Resgatar e revalorizar a geografia política foi o compromisso que inspirou este livro. Há, porém, um outro, mais importante, que espero tenha sido minimamente alcançado, que é demonstrar que o mundo da política é o mundo da ação e que o espaço político é uma construção deliberada da cidadania. Ao geógrafo cabe, como cientista social, indagar sobre os atores e as condições em que estes espaços são construídos; como cidadãos cabe defender a liberdade de criação desses espaços e atuar neles, livremente, ao lados dos diferentes.

Glossário

Alocação: *destinação de fundos orçamentários a um fim específico ou a uma entidade; distribuição dos fatores de produção disponíveis, humanos e extra-humanos (entre firmas, indústrias empenhadas na produção de bens, serviços).*

Ambivalência: *caráter do que apresenta dois aspectos ou dois valores de sentidos opostos ou não; existência simultânea, e com a mesma intensidade, de dois sentimentos ou duas idéias com relação a uma mesma coisa e que se opõem mutuamente.*

Antinomia: *contradição entre duas leis ou princípios. Conflito entre duas afirmações demonstradas ou refutadas aparentemente com igual rigor.*

Antinômico: *que encerra antinomia; contraditório, oposto.*

Assimetria: *que não tem simetria.*

Bem público: *diz-se do que é propriedade e interesse do conjunto da sociedade. Pode ser uma coisa material ou um valor moral; patrimônio público.*

Cadeira legislativa ou parlamentar: *denominação do lugar ocupado por representantes — deputados, senadores ou vereadores — nas respectivas casas legislativas.*

Campo: *conjunto estruturado de noções que indicam a área de ação ou de extensão de um fenômeno ou de um processo que caracteriza uma área do conhecimento.*

Clivagens regionais: *fragmentação, oposição ou conflitos entre os interesses regionais.*

Colégio eleitoral: *total de eleitores de uma circunscrição eleitoral.*

Conteúdo: *aquilo que se contém em alguma coisa; aquilo que ocupa, parcial ou totalmente, o espaço em algo.*

Continente: *aquilo que contém algo.*

Contingência: *estado de uma proposição cuja verdade ou falsidade só pode ser conhecida pela experiência e não pela razão; caráter do que ocorre de maneira eventual, circunstancial, sem necessidade, pois poderia ter acontecido de maneira diferente ou simplesmente não se ter efetuado.*

Correlatos: *em que há correlação, correspondência.*

Diacronia: *conjunto de fatos examinados ao longo do tempo; exprime o resultado de uma acumulação de fenômenos no tempo; o conjunto dos fenômenos sociais, culturais etc. que ocorrem e se desenvolvem através do tempo.*

Discurso anônimo: *conjunto de teses, sem embasamento filosófico, conceitual ou empírico consistente que tem a pretensão de expressar um conhecimento.*

Engenharia política: *diz-se do conjunto de normas e organizações que caracterizam o sistema político e administrativo dos Estados; forma de organização dos sistemas políticos pelos Estados-nações. Esta forma inclui o sistema unitário ou federal, a composição da representação legislativa, o sistema partidário e eleitoral etc.*

Epifenômeno: *fenômeno cuja presença ou ausência não altera o fenômeno que se toma principalmente em consideração; produto acidental, acessório, de um processo, de um fenômeno essencial, sobre o qual não tem efeitos próprios.*

Estatista: *influenciado pelo Estado.*

Éthos: *hábitos de uma sociedade ou de um indivíduo; moral; conduta; caráter.*

Garante: *responsável por alguma coisa; abonador; fiador.*

Gatt: *General Agreement on Tarifs and Trade, sistema instituído logo após a Segunda Guerra Mundial que teve como objetivo a liberalização multilateral do comércio exterior, disciplinando as normas de controle das fronteiras pelos países membros.*

Geopolítica: *termo criado pelo sueco Rudolf Kjellen em 1924 para designar as relações entre a política do Estado e a geo-*

grafia, entendida como superfície, forma, fronteiras e recursos do território nacional. Disciplina que pretende estabelecer princípios gerais sobre os fundamentos geográficos do poder militar.

Gramisciano: *relativo a Antonio Gramsci, intelectual marxista e ativista político do movimento operário comunista italiano do início do século XX.*

Historicismo: *tendência a explicar, ou mesmo a justificar, toda situação presente pelo encadeamento histórico dos fatos que a precederam, sendo o presente descrito como um resultado lógico do passado.*

Imaginário social: *representações sociais historicamente construídas que definem o conjunto de crenças e valores de uma sociedade.*

Interesse: *do latim "estar entre, no meio, participar". Proveito, benefício, ganho ou participação de alguém em alguma coisa.*

Karl von Clausewitz: *autor de* Da guerra, *tratado elaborado de 1816 a 1831 que se transformou, após 1870, na verdadeira Bíblia dos Estados Maiores europeus, especialmente franceses e alemães, que se enfrentaram na Primeira Guerra Mundial.*

Nacionalismo: *ideologia política que reivindica para um povo o direito de formar uma nação. Como patologia, o nacionalismo sobrevaloriza os "valores nacionais", a exclusão do* *outro e a hostilidade aos vizinhos. Como o Estado-nação está referenciado ao território, o nacionalismo é também suporte ideológico para a defesa e a conquista territorial e para as guerras entre Estados.*

Niilismo: *ponto de vista que considera que as crenças e os valores tradicionais são infundados e que não há qualquer sentido ou utilidade na existência; negação, declínio ou recusa, em curso na história humana e especialmente na modernidade ocidental, de crenças e convicções — com seus respectivos valores morais, estéticos ou políticos — que ofereçam um sentido consistente e positivo para a experiência imediata da vida; ideologia de um grupo revolucionário russo da segunda metade do século XIX, militante em prol da destruição das instituições políticas e sociais, para abrir caminho a uma nova sociedade, e favorável ao emprego de medidas extremas, inclusive terrorismo e assassínios.*

Noção: *idéia que permanece imprecisa, de formulação ainda vaga, que antecede o conceito; conhecimento imediato, intuitivo, de algo.*

Nomotético: *de* nómos *(lei). Se diz de um campo de reflexão que tem um alcance geral, que procura estabelecer leis gerais ou que parte de leis gerais. Oposto a* **idiográfico** *— que se volta para os fenômenos particulares, de objetos singulares sem ter a pretensão de alcançar leis gerais.*

Objeto: *coisa ou mesmo idéia, conceito sobre o qual se trabalha. Um objeto da geografia é alguma coisa que tem uma dimensão no espaço, que põe em ação os lugares (Brunet,* R. et al. Les Mots de la Géographie. *Reclus, 1993).*

Paradigma: *do grego* "modelo". *Conjunto de problemáticas e de métodos utilizados por uma ciência em um dado momento; grupo de questões julgadas centrais em uma ciência. De tempos em tempos as ciências mudam seus paradigmas.*

Paradoxo: *conceito do que é ou parece contrário ao comum. Afirmação que contraria as crenças aceitas como incontestáveis; pensamento, proposição ou argumento que contraria os princípios básicos e gerais que costumam orientar o pensamento humano, ou desafia a opinião consabida, a crença ordinária e compartilhada pela maioria; no sentido lógico, raciocínio aparentemente bem fundamentado e coerente, embora esconda contradições decorrentes de uma análise insatisfatória de sua estrutura interna.*

Política: *expressão e meio de controle dos conflitos sociais; arte ou ciência de governar, arte ou ciência da organização; direção e administração de nações ou Estados; aplicação desta arte aos negócios internos da nação (política interna) ou aos negócios externos (política externa); série de medidas para a obtenção de um fim; arte de guiar ou influenciar o modo de governo pela organização de um partido, pela influência da opinião pública, pela aliciação de eleitores etc.*

Prerrogativa: *concessão ou vantagem com que se distingue uma pessoa ou uma instituição; privilégio.*

O ***príncipe***, *escrito por Nicolau Maquiavel em 1513, é um marco teórico do pensamento político e da formação do Estado moderno. Sua questão central é como estabelecer uma soberania política autônoma e duradoura dentro de limites territoriais definidos.*

Quociente eleitoral: *obtido pela divisão do número de eleitores pelo número de cadeiras a serem preenchidas.*

Regionalismo: *disputa política de base territorial frente ao poder central do Estado; reivindicação de uma autonomia, afirmação de uma cultura ou de um particularismo regional.*

Sanção: *pena ou recompensa com que se tenta garantir a execução de uma lei. Parte da lei em que se apontam as penas contra os infratores dela.*

Simetria: *correspondência em grandeza, forma e posição relativa de partes situadas em lados opostos de um plano médio; harmonia resultante de certas combinações e proporções regulares.*

Soberania: *poder ou autoridade suprema que não deve sua validade a nenhuma ordem superior.*

Sobre-representação: *situação em que uma unidade da federação (UF) tem uma proporção de representantes no Parlamento maior do que a proporção da sua população em relação à população total do país.*

Sub-representação: *situação das UFs que têm um número de representantes no Parlamento menor do que a proporção da sua população na população total do país.*

Subsumir: *incluir, colocar (alguma coisa) em algo maior, mais amplo, do qual aquela coisa seria parte ou componente; na doutrina kantiana, conceber um indivíduo como compreendido numa espécie; admitir (uma idéia) como dependente de* *(uma idéia geral); considerar um fato como aplicação de uma lei.*

Território: *base material e simbólica da sociedade. Segundo o* Dicionário Houaiss, *termo jurídico: extensão ou base geográfica do Estado, sobre a qual ele exerce a sua soberania e que compreende todo o solo ocupado pela nação, inclusive ilhas que lhe pertencem, rios, lagos, mares interiores, águas adjacentes, golfos, baías, portos e também a faixa do mar exterior que lhe banha a costa e que constitui suas águas territoriais, além do espaço aéreo correspondente ao próprio território; ecologia: área que um animal ou grupo de animais ocupa, e que é defendida contra a invasão de outros indivíduos da mesma espécie.*

Transcendência: *estado que não resulta do jogo natural de uma certa classe de seres ou de ações, mas que supõe a intervenção de um princípio superior; caráter inerente a um princípio ou ser divino que ultrapassa radicalmente a realidade sensível e com a qual mantém, em decorrência de sua perfeição e superioridade absolutas, uma relação de soberania e de distância; no kantismo, qualidade apresentada pelas idéias que, embora pertencentes ao âmbito da especulação racional humana, caracterizam-se por ultrapassar os dados oferecidos pela experiência, sendo por isso inapropriadas para o conhecimento.*

Truísmo: *banalidade, verdade trivial, tão evidente que não é necessário ser enunciada; verdade incontestável ou evidente por si mesma.*

Bibliografia

Adler, Max (1982). *La concepción del Estado en el marxismo*, México, Siglo Veitiuno Editores.

Agnew, John (1999). "The new geopolitics of power." *In:* Massey, D. *et al.* (Eds.) *Human Geography Today*. Malden, Polity Press, 1999.

Agnew, John (2002). *Making Political Geography*, Londres, Arnold.

Allen, John (2003). *Lost Geographies of Power*. Malden, Blackwell.

Ames, Barry (2003). *Os entraves da democracia no Brasil*. Rio de Janeiro, FGV.

Arendt, Hannah (1998). *O que é política*. Rio de Janeiro, Bertrand Brasil.

Aron, Raymond (1980). *Estudos políticos*. Brasília, Ed. da UnB.

Arrighi, Giovanni (1996). *O longo século XX*. São Paulo, Contraponto/UNESP.

Bachrach, P. e Baratz, M. (1970). *Power and Poverty. Theory and Practice*. Londres, Oxford University Press.

Becker, Bertha K., e Egler, Cláudio, A. G. (1994). *Brasil: uma nova potência regional na economia-mundo*. 2ª ed. Rio de Janeiro, Bertrand Brasil.

Bobbitt, Philip (2003). *A guerra e a paz na história moderna*. Rio de Janeiro, Campus.

Brunet, Roger *et al.* (1992). *Les Mots de la Géographie*. Paris, Reclus/La Documentation Française.

Burke, Edmond (1982). *Reflexões sobre a revolução em França.* Brasília, Ed. da UnB.

Camargo, Aspásia (1992). "A Federação Acorrentada. Nacionalismo Desenvolvimentista e Instabilidade Democrática". XVI Encontro Anual da ANPOCS, Caxambu.

Capel, Horacio (1981). *Filosofía y ciencia en la Geografia contemporânea.* Barcelona, Barcanova.

Carvalho, José Murilo de (2001). *Cidadania no Brasil.* Rio de Janeiro, Civilização Brasileira.

Carvalho, Nelson Rojas de (1996). "Geografia política das eleições congressuais." Rio de Janeiro. *Monitor Público*, nº 9, Ano 3, pp. 41-47.

Castells, Manuel (1998). "Hacia el Estado red." *Paper* apresentado no seminário "Reforma do Estado e Sociedade", São Paulo, 16-18 de maio. (Publicado posteriormente em *Sociedade e Estado em Transformação*, UNESP, 2001.)

________. (2000a). *A Sociedade em Rede.* São Paulo, Paz e Terra.

________. (2000b). *O Poder da Identidade.* São Paulo, Paz e Terra.

Castro, Iná Elias de (1995). "O problema da escala." *In:* Castro I. E. *et al.* (Org.) *Geografia: Conceitos e Temas.* Rio de Janeiro, Bertrand Brasil.

________. (1997a). "Imaginário político e território: natureza, regionalismo e representação." *In:* Castro, I. E. *et al.* *Explorações Geográficas.* Rio de Janeiro, Bertrand Brasil.

________. (1997b). "Representação proporcional e a compra de votos." Rio de Janeiro. *Jornal do Brasil*, 23/6/1997, p. 11.

________. (2003). "Instituições e território. Possibilidades e limites ao exercício da cidadania no Brasil." *Revista Geosul*, vol. 19, pp. 16-32.

Chauí, Marilena (1983). Apresentação. *In:* Lefort, Claude. *A Invenção Democrática,* São Paulo, Brasiliense.

________. (2000). *Brasil. Mito Fundador e Sociedade Autoritária.* São Paulo, Fundação Perseu Abramo.

Claval, Paul (1979). *Espaço e poder.* Rio de Janeiro, Zahar Editor.

Conrad, Joseph (1926). "Geography and some explorers." *In: Last Essays*, Londres, JMDent.

Costa, Sérgio (2002). *As Cores de Ercília.* Belo Horizonte, Editora da UFMG.

Cox, Kevin R. (1979). *Location and Public Problem.* Chicago, Maaroufa Press.

________. (1998). "Spaces of dependence, spaces of engagement and the politics of scale, or: looking for local politics." *In: Political Geography 17,* pp. 1-23.

Dalari, Dalmo (1986). *O Estado Federal,* São Paulo, Ática.

Dicionário Houaiss Eletrônico da Língua Portuguesa. Editora Objetiva, S/D

Durand, M.-F. *et al.* (2002). *L'espace mondial em 50 cartes*, Paris, Presses de Sciences Pó.

Forbes, D. K. (1989). *Uma visão crítica da geografia do subdesenvolvimento.* Rio de Janeiro, Bertrand Brasil.

Foucault, Michel (1977). *História da sexualidade. Vol. 1: A vontade de saber.* Rio de Janeiro, Graal.

Giddens, Anthony (1991). *As conseqüências da modernidade.* São Paulo, Ed. da UNESP.

________. (2000a). *Mundo em descontrole.* Rio de Janeiro, Record, 1999.

________. (2003). *A constituição da sociedade.* São Paulo, Martins Fontes.

Giddens, Anthony e Pierson, Christopher (2000). *Conversas com Anthony Giddens: o sentido da modernidade*. Rio de Janeiro, FGV.

Girardet, Raoul (1986). *Mythes et Mythologies Politiques*. Paris, Editions du Seuil.

Gohn, Maria da Glória (1998). "Conselhos populares: participação e gestão de bens coletivos." XIII Encontro Anual da ANPOCS, Caxambu.

Gomes, Paulo Cesar da Costa (1997). "Geografia *fin-de-siècle*: o discurso sobre a ordem espacial do mundo e o fim das ilusões." *In:* Castro, I. E. *et al.* (Org.) *Explorações Geográficas*, Rio de Janeiro, Bertrand Brasil.

Gottmann, Jean (1952). *La politique des États et leurs géographie*. Paris, Armand Colin.

Gramsci, Antonio (1980). *Maquiavel, a Política e o Estado Moderno*. Rio de Janeiro, Civilização Brasileira.

Gregory, Derek (1996). "Teoria social e geografia humana." *In:* Gregory, D. *et al. Geografia humana. Sociedade, espaço e ciência social*. Rio de Janeiro, Jorge Zahar Editor.

Gruppi, Luciano. *Tudo Começou com Maquiavel*. Porto Alegre, L&PM.

Guichet, Jean-Luc (1996). *Le pouvoir*, Paris, Quintete.

Harvey, David (1973). *Social Justice and the City*. Londres, The Johns Hopkins University Press.

Heller, Agnes (1999). "Uma crise global da civilização: os desvios futuros." *In:* Heller, A. *et al.* (Orgs.) *A crise dos paradigmas em ciências sociais e os desafios para o século XXI*. Rio de Janeiro, Contraponto.

Hobbes, Thomas (1979). *Leviatã*. São Paulo, Abril Cultural.

Hobsbawm, Eric (1995). *A era dos extremos*. São Paulo, Cia. das Letras.

Holt-Jensen, Arild (1988). *Geography. History and Concepts.* Londres, Paul Chapman Publishing.

Hussy, Charles. Prefácio (1988). *In:* Ratzel, F. *Géographie Politique.* Paris, Economica.

Huth, Paul K. (1999) "Enduring rivalries and territorial disputes, 1950-1990." *In:* Dihel, Paul F. (Ed.) *A Road Map to War. Territorial Dimensions of International Conflicts.* Vanderbilt University Press, pp. 37-72.

Johnston, R. J. (1982) *Geography and the State. An essay in political geography.* Londres, Macmillan Press.

Kennedy, Paul (1989). *Ascensão e queda das grandes potências,* Rio de Janeiro, Campus.

La Boètie, Etienne de (1982). *O discurso da servidão voluntária.* São Paulo, Brasiliense.

Lacoste, Yves (1985). *A Geografia — isso serve, em primeiro lugar, para fazer a guerra.* Campinas, Papirus Editora. 1ª edição em francês, 1976.

Lasswel, Harold (1979). *Política: quem ganha o que, quando, como.* Brasília, Ed. da UnB.

Lessa, Renato (1996). "A sombra da representação." Rio de Janeiro, *Monitor Público*, ano 3, nº 10, pp. 11-20.

Lévy, Jacques (1991). "Espèces d'espaces politiques." *In:* Lévy, J. (Org.) *Géographies du politique. Paris,* Presses de F.N.S.P./ ESPACESTEMPS, 1991.

_________. (1994). *L'espace Légitime.* Paris, Presses de la Fondation Nationale des Sciences Politiques.

_________. (1999). *Le tournant géographique.* Paris, Belin.

Lévy, Jacques *et al.* (1992). *Le monde: espaces et systémes.* Paris, Presses de la Fondation Nationale des Sciences Politiques Dalloz.

Lévy, J. e Lussault, M. (2003). *Dictionnaire de la géographie et de l'espace des societés.* Paris, Belin.

Machado, Lia Osório (1990). "Artificio politico en el origen de la unidad territorial de Brasil." *In:* Capel, H. (Coord.), *Los espacios acotados.* Barcelona, PPU.

Mann, Michael (1992). "O poder autônomo do Estado: suas origens, mecanismos e resultados." *In:* Hall, John (Org.) *Os Estados na história.* Rio de Janeiro, Imago.

Moore Jr., Barrington (1967). *As origens sociais da ditadura e da democracia. Senhores e camponeses na construção do mundo moderno.* Lisboa, Kosmos.

Nunes, E.; Nogueira, A. e Tafner, P. (1995). "Economia política do poder e modernização da democracia brasileira." *In:* Velloso, J. P. *et al.* (Coord.) *Governabilidade e Reformas.* Rio de Janeiro, José Olympio Editora.

Prévélakis, Georges. (2003) "Politique." *In:* Lévy, J. e Lussault, M. *Dictionnaire de la géographie et de l'espace des societés.* Paris, Belin.

Putnam, Robert D. (1996) *Comunidade de democracia: a experiência da Itália moderna.* Rio de Janeiro, FGV.

Ribeiro, Rafael Winter (2002). "A construção da seca como problema: administração pública e representações da natureza durante a seca de 1877-1870 no Ceará." In: Lima, Antonio Carlos de Souza (Org.), Gestar e gerir. *Estudos para uma antropologia da administração pública no Brasil.* Rio de Janeiro, Relume Dumará, pp. 23-50.

Raffestin, Claude (1993). *Por uma geografia do poder.* São Paulo, Ática.

Ratzel, Friedrich (1988). *Géographie politique.* Paris, Economica.

Rodrigues, Juliana Nunes (2004). *O Município como Escala de Gestão no Brasil Contemporâneo.* Monografia, Rio de Janeiro, Universidade Federal do Rio de Janeiro.

Russel, Bertrand (1979). *O poder.* Rio de Janeiro, Jorge Zahar Editor.

Sack, Robert David (1986). *Human Territoriality: its theory and history.* Londres: Univ. Cambridge Press.

Sanguin, Andre-Louis (1981). *Geografia política.* Barcelona, Oikos-Tau.

Santos, Fabiano Guilherme M. (1995). "Microfundamentos do clientelismo político no Brasil: 1959-1963." *In: Dados*, Vol. 38, n.º 3, pp. 459-495.

Santos, Milton (2000). *Por uma Outra Globalização.* Rio de Janeiro, Record.

Santos, Wanderley Guilherme dos (2005). "A longa marcha da democracia brasileira." *In:* Lessa, Carlos (Org.) *Enciclopédia da Brasilidade.* Rio de Janeiro, BNDES/Casa da Palavra, pp. 414-420.

Sartre, Jean-Paul (1980). *A imaginação.* São Paulo, Difel.

Schiera, Pierangelo (1986). "Estado moderno." *In:* Bobbio, Norberto *et al. Dicionário de Política.* Brasília, Ed. da UnB.

Schnapper, Dominique (2000). *Que'est-ce que la citoyenneté.* Paris, Galimard.

Silva, Pedro Luiz Barros (1997). "A natureza do conflito federativo no Brasil." *In:* Diniz, E. e Azevedo, S. (Orgs.) *Reforma do Estado e Democracia no Brasil.* Brasília, Editora da UNB.

Smith, Graham (1996). "Teoria política e geografia humana." *In:* Gregory, D. *et al. Geografia humana.* Rio de Janeiro, Zahar.

Smith, Neil e Godlewska, Anne (Eds.) (1994). "Introduction: critical histories of geography." *In: Geography and Empire.* Oxford, Blackwell.

Sokal, Alan e Bricmont, Jean (1999). *Imposturas intelectuais.* Rio de Janeiro, Record.

Storper, Michael. (1994) "Territorialização numa economia global. Possibilidades de desenvolvimento tecnológico, comercial e regional em economias subdesenvolvidas." *In:* Lavinas, L. *et al. Integração, região e regionalismo,* Rio de Janeiro, Bertrand Brasil, pp. 13-42.

Tavares, José Giusti (1994). *Sistemas Eleitorais nas Democracias Contemporâneas.* Rio de Janeiro, Relume Dumará.

Taylor, Peter (1989). *Political Geography: World-economy, Nation-state and Locality.* Londres, Longman.

________. (1993). "A century of political geography." *In:* Taylor, P. *et al. Political Geography of the Twentieth Century: A Global Analysis.* Londres, Belhaven Press.

Taylor, Peter e Wüsten, Van der (2004). "La géographie politique: les espaces entre guerre et paix." *In:* Benko, G. e Strohmayer, U. (Orgs.) *Horizons géographiques*, Bréal.

Therborn, Goeran (1995). *Ideology of Power and the Power of Ideology.* Londres, Verso.

Thorstensen, Vera *et al.* (1994). *O Brasil Frente a um Mundo Dividido em Blocos.* São Paulo, Nobel e Instituto Sul-Norte.

Thurow, Lester (1993). *Cabeça a cabeça.* Rio de Janeiro, Rocco.

Toffler, Alvin (1990). *Les nouveaux pouvoirs*, Paris, Fayard.

Tragtenberg, Maurício (1980). "Vida e obra." *In:* Weber, Max. *Textos selecionados.* São Paulo, Abril Cultural.

Trigal, Lorenzo Lopes e Del Pozo, Paz Benito (1999). *Geografia Política.* Madri, Cátedra.

Vianna, Luiz Werneck (1996). "Caminhos e descaminhos da revolução passiva à brasileira." *In*: *Dados*. Vol. 39, nº 3, pp. 377-392.

Vincent, Andrew (1995). *Ideologias políticas modernas*. Rio de Janeiro, Jorge Zahar Editor.

Wallerstein, Immanuel (1984). *The Politics of the World-economy, the States, the Movements and the Civilizations*. Cambridge University Press.

________. (1999). *L'aprés liberalisme. Essai sur un système-monde à réinventer*. França, L'Aube.

Weber, Max (1982). *Ensaios de sociologia*. Rio de Janeiro, Guanabara.

Impresso no Brasil pelo
Sistema Digital Instant Duplex
da Divisão Gráfica da Distribuidora Record.